HUANG HE HETAO QU RUN QIANQIU
HETAO GUQU TANYUAN

大滩渠

东风渠

黄河河套·渠润千秋 ——河套古渠探源

乌拉河

杨家河

HUANG HE HETAO QU RUN QIANQIU
HETAO GUQU TANYUAN

黄济渠

永济渠

黄河河套·渠润千秋 ——河套古渠探源

永兰渠

永刚渠

HUANG HE HETAO QU RUN QIANQIU
HETAO GUQU TANYUAN

丰济渠

皂火渠

黄河河套·渠润千秋 ——河套古渠探源

沙河渠

义和渠

HUANG HE HETAO QU RUN QIANQIU
HETAO GUQU TANYUAN

通济渠

长济渠

黄河河套·渠润千秋 ——河套古渠探源

塔布渠

三湖河

黄河河套·渠润千秋

——河套古渠探源

主编 曹冲

中国水利水电出版社

·北京·

内 容 提 要

河套灌区作为中国三个特大型灌区之一,其水利工程历史悠久。本书聚焦河套灌区 16 条古渠,系统梳理其开挖历史、建设过程及发挥的功效,深度挖掘和弘扬河套水利文化的深厚底蕴,讲好新时代黄河故事;以翔实的史料、生动的叙述和严谨的考证,还原古渠的发展历程,展现其在农业生产、生态治理、民族团结、科技进步、文化传承等方面的卓越贡献。

本书适合从事水利文化研究的学者、水利建设与遗产保护领域的从业者、黄河流域历史文化研究者阅读,也可供高等院校相关专业师生参考。

图书在版编目(CIP)数据

黄河河套·渠润千秋 : 河套古渠探源 / 曹冲主编.
北京 : 中国水利水电出版社, 2025. 8. -- ISBN 978-7
-5226-3603-0
Ⅰ. S279.226
中国国家版本馆CIP数据核字第2025QR0178号

书　　名	黄河河套·渠润千秋——河套古渠探源 HUANG HE HETAO QU RUN QIANQIU ——HETAO GUQU TANYUAN
作　　者	主编　曹冲
出版发行	中国水利水电出版社 (北京市海淀区玉渊潭南路1号D座　100038) 网址:www.waterpub.com.cn E-mail:sales@mwr.gov.cn 电话:(010)68545888(营销中心)
经　　售	北京科水图书销售有限公司 电话:(010)68545874、63202643 全国各地新华书店和相关出版物销售网点
排　　版	中国水利水电出版社微机排版中心
印　　刷	天津嘉恒印务有限公司
规　　格	170mm×240mm　16开本　10.75印张　195千字　4插页
版　　次	2025年8月第1版　2025年8月第1次印刷
印　　数	0001—2800册
定　　价	48.00元

凡购买我社图书,如有缺页、倒页、脱页的,本社营销中心负责调换

版权所有·侵权必究

《黄河河套·渠润千秋——河套古渠探源》编委会

主　编　曹　冲

副主编　李雪林

参　编　刘　畅　秦瑞娟　刘　丹　云楚涵　乌亚哈娜

　　　　　杨　姝　范　磊　杨开昌　王鹏波　刘　勇

　　　　　李云录　陶奋山　闫晋阳　王宏冰　苏宏业

　　　　　秦　力　孟育川　王俪钧　陈　燕　郭　帅

　　　　　张雪娇　越　媛　杨晓鸣　王　娟　刘丽霞

　　　　　曹海燕　訾翠霞　陈　凯　李　芳　张利军

　　　　　曹立奇　李占强　尹兆祥

序

中华民族拥有悠久的历史和璀璨的文化，水利文化是中华文化的重要组成部分。中国自古以农立国，农业是中华文明的根基，水利则是中国农业的命脉。在中华农业文明的发展历程中，各地区创造出各具特色的水利文化，河套水利文化就是其中之一。河套灌区在2019年成功入选世界灌溉工程遗产名录，是河套地区的重要文化遗产。

河套水利文化历经两千余年，大致以清代为界，清代以前为一个历史阶段，清代至今为一个历史阶段。清代以前，秦汉时期河套地区就已经引黄灌溉。秦汉之际河套是中原王朝与匈奴反复争夺的区域，汉武帝几次大规模北伐匈奴，收复河南地，为河套地区农田水利建设提供了有利条件。汉武帝在包括河套在内的西北边疆设立郡县，移民屯田，"用事者争言水利，朔方、西河、河西、酒泉皆引河及川谷以溉田。"此为河套水利之肇端。在今磴口哈腾套海农场古地名"铜口"附近，"枝渠东出以溉田"，指的是西汉时期从黄河北河开口的一条渠道，从磴口哈腾套海农场向东延伸至杭锦后旗头道桥火车站一带，长约40公里，浇灌汉代沃野县和临戎县的部分土地。北魏时期，在今乌拉特前旗西山咀镇至包头市九原区一带，有一条黄河冲出的岔流，就是早期的三湖河，其周边区域发展为一个灌区。唐代河套地区隶属丰州，娄师德、唐休景、李景略和卢坦等在丰州屯田，在今五原县先后修建陵阳、咸应及永清三条渠道。宋元明三代，未见河套水利开发的明确记载。清代以前，河套地区农业文明与游牧文明交替发展，水利事业时兴时废。从清代以来，河套水利进入一个快速、持续和稳定的发展时期。从清代至今的河套水利文化，可以分为两个阶段：清至中华民国时期为第一阶段，地商在河套水利开发中起着举足轻重的作用，可以称之为地商水利阶段；新中国成立以来为第二阶段，党领导人民群众建设水利事业，可以称之为红色水利阶段。地商水利在清中期兴起，起源于清公主治菜园地。雍正年间，阿拉善蒙古第三代王爷阿宝以公主治菜园的名义，在定远营周边招揽移民、垦殖兴农。乾隆年间，公主治菜园扩展至阿拉善蒙古沿黄河的磴口一带，磴口境内先后开挖大滩渠和申家河。嘉庆至道光前期，杨大义逐步开发乌拉河两岸水利。杨凤珠在乾隆后期管理杨家河子，虽然是原始的就河引灌，却是杭锦后旗清代农业灌溉开始的标志。在临河，各地商在嘉庆年间已经利用刚目河（即永刚渠）灌溉；清道光五年（1825年）地商永盛兴、锦和永等开挖缠金渠（即永济渠）。清晚期是河套地商水利的高潮时期，临河在道咸之际有48家地商共修永济渠，五原县和乌拉特前旗在同光年间先后兴修长济渠、丰济渠、通济渠、义和渠、沙河渠及塔布渠等干渠。至清末贻谷放垦，河套地区有"八大官渠"之说。中华民国时期，地商杨满仓、杨米仓家族三代开挖建设杨家河，天主教会开发黄济渠，傅作义将军修建复兴渠。至中华民国后期，河套地区有"十大干渠"之说。新中国成立以来，河套地区的红色水利继承前人又超越前人。在中国共产党领导下，1958—1967年建设三盛公水利枢纽工程和总干渠工程，极大地改善了河套地区的引水条件，使河套的灌溉面积大幅度增长。为了解决土地盐碱化问题，1975年党和政府动员人民群众疏通总排干，在河套灌区建成灌排网络体系。改革开放以来，河套灌区成为祖国北疆重要的商品粮基地。进入21世纪，从国家大局出发，河套灌区大力发展节水灌溉，正在为祖国北疆生态文明建设作出贡献。今天的河套灌区灌溉面积达到1100余万亩，是中国三个特大型灌区之一，在世界上也享有盛名。

习近平总书记指出："文化自信，是更基础、更广泛、更深厚的自信，是更基本、更深沉、更持久的力量。"❶ 增强人民文化自信，对于河套的发展进步具有深远历史意义和重大现实意义。河套因水而兴，从清以来，河套的历史发展与文明进步都建立在引黄灌溉之上，水利事业是河套的根脉所在，水利文化是河套文化的内核与标识。作为河套百姓，应该充分了解和认识河套水利文化，不断增强文化自信；作为河套文化学者，不但自身要增强文化自信，还应该以传承发展河套水利文化为己任。河套水利文化既包括物质形态的水利工程、农业聚落、农业景观等内容，也包括精神形态的水利历史、水神信仰、祭祀仪式、文化活动、规章制度、知识技术、历史文献、档案资料、文学艺术、故事传说等内容。河套地区物质形态的水利文化主要是历代的水利工程及其遗存、公中庙旧址、龙王庙旧

---

❶ 习近平《论党的宣传思想工作》。

址、古农业聚落、古商号旧址等。河套地区精神形态的水利文化体现着河套的文化精神，清公主治菜园地、袁吴两家合开大滩渠、申家修建申家河、杨大义开发乌拉河、四十八家地商汇聚公中庙、侯氏叔侄修建长济渠、郭大义等开挖四大股渠、王同春开发河套、杨氏三代修建杨家河、傅作义将军开挖复兴渠、巴彦淖尔盟兴建三盛公水利枢纽与总干渠、李贵书记指挥疏通总排干等水利文化，都已经成为河套人民的集体记忆，深深扎根在人们心中。

河套水利的一大特点是从黄河开挖引水渠道，引黄自流灌溉，渠道的修建是河套水利开发的重中之重。河套的主要干渠，不但灌溉面积大，而且有较长的历史。由于历史的原因，河套地区汉代、唐代的渠道至今已遗迹无存，现在河套地区的古渠道基本形成于清代至中华民国时期。关于河套主要渠道的概括，晚清"八大干渠"之称、民国"十大干渠"之称，都意在强调渠道的规模。"河套古渠"这一概念，不但强调这些渠道的实用价值，而且强调这些古渠的文化价值，不但强调其"大"，而且强调其"古"。长期以来，河套内外还没有就河套地区的古渠写过专门书籍。本书所选取的大滩渠、东风渠、乌拉河、杨家河、黄济渠、永济渠、永兰渠、永刚渠、丰济渠、皂火渠、沙河渠、义和渠、通济渠、长济渠、塔布渠、三湖河等16条渠道是河套古渠的代表，也是河套灌溉工程遗产的代表。在习近平文化思想的指导下，在全国普遍重视文化传承与发展的历史背景下，内蒙古河套灌区黄河水利文化博物馆的全体人员以传承发展河套水利文化为己任，在广泛收集资料、与相关专家深入讨论的基础之上，历时半年，写成《黄河河套·

渠润千秋——河套古渠探源》，这是河套水利文化研究与普及的一件大事。该书的出版，对河套文化的传承发展将产生积极而深远的影响。"黄河河套·渠润千秋"向河套内外传达的理念是，河套地区的渠道不但可以引水浇地，而且承载着河套的历史，是先辈们与黄河水患不懈斗争、和谐共生的智慧结晶，不能仅强调其实用价值，要同时强调其历史文化价值，应该在河套文化的整体中凸显古渠的重要地位。相信该书的出版，通过对黄河与古渠关系的深度挖掘，一定能为河套人民增强文化自信作出应有贡献，激励人们为守护"千年基业"和黄河流域的文化根脉而不断努力。

宁波财经学院副教授　刘勇

2025 年 3 月于宁波

前言

黄河，中华民族的母亲河，孕育了灿烂的中华文明，也滋养了广袤的河套平原。在这片沃土上，历代先民以智慧和汗水开凿渠道，引黄灌溉，使荒漠变良田，荒原成绿洲。河套灌区作为中国三个特大型灌区之一，其水利工程历史悠久，不仅见证了古代劳动人民的治水智慧，更在新时代焕发出新的生机与活力。

2024年国庆节后，内蒙古河套灌区黄河水利文化博物馆启动《黄河河套·渠润千秋——河套古渠探源》编撰工作，本书聚焦河套灌区16条百年以上的古渠道，系统梳理其开挖历史、建设过程及发挥的功效。这些古渠，如永济渠、杨家河、黄济渠等，不仅是水利工程的杰作，更是河套地区社会经济发展的重要支撑。它们承载着厚重的历史记忆，记录着先民与自然抗争、改造自然的壮举，也彰显了中华民族自强不息、因地制宜的治水精神。

在习近平文化思想的指引下，本书旨在深度挖掘和弘扬河套水利文化的深厚底蕴，讲好新时代黄河故事，让更多人了解古渠背后的历史价值和时代意义，传承和弘扬各民族在水利建设中形成的伟大精神，展现在中国共产党领导下河套地区的巨大变迁。我们希望通过翔实的史料、生动的叙述和严谨的考证，还原古渠的辉煌历程，展现其在农业生产、生态治理、民族团结、科技进步、文化传承等方面的卓越贡献。同时，我们也希望借此书唤起社会各界对古渠保护与利用的关注，推动河套灌区水利遗产的可持续发展。

作为内蒙古河套灌区黄河水利文化博物馆的工作人员，我们深感责任重大，使命光荣。在本书编写过程中，我们查阅了大量的文献资料，走访了众多的专家学者和渠道的建设者，力求以严谨的态度、翔实的内容，真实地展现河套古渠的历史风貌和时代价值。本书得到了众多专家、学者和水利工作者的支持与指导，尤其要感谢宁波财经学院副教授刘勇的悉心指导。本书特别推荐给从事水利文化研究的学者和爱好者、水利建设与遗产保护领域的从业者、黄河流域历史文化研究者、高等院校相关专业师生，以及对黄河文化感兴趣的旅行者与公众读者。由于时间和水平有限，书中难免存在不足之处，恳请各位读者批评指正。

让我们共同守护这份千年基业，传承不朽的黄河水利文化精神，让河套古渠的故事继续书写辉煌，为中华民族伟大复兴贡献文化力量。

曹冲

2025 年 4 月

目录

序

前言

大滩渠 ··· 1
    一、清代大滩渠的形成 ······································· 1
    二、新中国成立后大滩渠的发展变迁 ··············· 4
    三、大滩渠的运行效果 ······································· 8

东风渠 ··· 10
    一、清代东风渠（申家河）的开挖和建设 ······· 10
    二、新中国成立后东风渠的发展建设 ··············· 13
    三、东风渠的现代化建设 ································· 19
    四、东风渠的运行效果 ····································· 21

乌拉河 ··· 23
    一、乌拉河的"河化"历史 ································ 24
    二、乌拉河的开发 ·· 28
    三、乌拉河现状 ·· 35
    四、乌拉河的运行效果 ····································· 36

杨家河 ··· 38
    一、清代杨家河灌区的形成背景 ······················ 38
    二、中华民国时期杨家河灌区的开挖与建设 ··· 40

三、新中国成立后杨家河的发展建设 ·············· 47

黄济渠 ·············· 50
一、清代黄济渠的形成与发展 ·············· 50
二、中华民国时期黄济渠发展进步 ·············· 52
三、新中国成立后黄济渠的改建与升级 ·············· 55
四、园子渠码头的演变 ·············· 60

永济渠 ·············· 62
一、缠金渠称谓的由来 ·············· 62
二、永济渠的起源和发展 ·············· 63
三、永济渠的作用与效益 ·············· 68

永兰渠 ·············· 69
一、清代至中华民国时期永兰渠的发展历程 ·············· 69
二、新中国成立以来永兰渠的发展历程 ·············· 71
三、永兰渠的功能效益 ·············· 73

永刚渠 ·············· 75
一、清代至中华民国时期永刚渠的发展历程 ·············· 75
二、新中国成立后永刚渠的发展历程 ·············· 76
三、永刚渠的功能效益 ·············· 80

丰济渠 ·············· 82
一、清代中后期"丰济渠"的起源与形成 ·············· 82
二、中华民国时期丰济渠的探索与发展 ·············· 86
三、新中国成立后丰济渠的改建与升级 ·············· 87

皂火渠 ·············· 90
一、皂火渠的开挖与初步整治 ·············· 90
二、皂火渠的扩建、改建与渠系配套 ·············· 92

三、皂火渠的建设成果与功能效益 …………… 94

沙河渠 …………………………………………… 97
　　一、清代后期沙河渠的起源与早期发展 ……… 97
　　二、中华民国时期沙河渠的完善与发展 ……… 99
　　三、新中国成立后沙河渠的整治与扩建 ……… 100
　　四、沙河渠的建设成果和功能效益 …………… 103

义和渠 …………………………………………… 105
　　一、清代后期义和渠的起源与形成 …………… 105
　　二、中华民国时期义和渠的探索与发展 ……… 109
　　三、新中国成立后义和渠的改建与升级 ……… 110
　　四、义和渠的建设成果和功能效益 …………… 114

通济渠 …………………………………………… 116
　　一、通济渠起源与形成 ………………………… 116
　　二、新中国成立后通济渠的改建与升级 ……… 121
　　三、通济渠的建设成果与功能效益 …………… 127

长济渠 …………………………………………… 129
　　一、新中国成立前的长济渠 …………………… 129
　　二、新中国成立后的长济渠 …………………… 132
　　三、新时代的长济渠 …………………………… 138

塔布渠 …………………………………………… 140
　　一、塔布渠的历史起源 ………………………… 140
　　二、塔布渠的发展变迁 ………………………… 142
　　三、塔布渠的建设成果和功能效益 …………… 146

三湖河 …………………………………………… 148
　　一、三湖河的形成与早期历史 ………………… 148

二、新中国成立后的水利建设 …………………………… 149

三、三湖河灌区的现代化发展 …………………………… 151

四、三湖河灌区的排水工程 ……………………………… 152

五、三湖河灌溉效益与社会经济影响 …………………… 153

参考文献 …………………………………………………… 155

大 滩 渠

曹 冲

    大滩分干渠位于河套灌区乌兰布和灌域，简称大滩渠，是内蒙古自治区巴彦淖尔市磴口县渡口镇境内的一条主要干渠，是河套灌区48条分干渠之一，也是河套地区第一条由黄河开口的人工干渠，浇灌着黄河北岸的土地。大滩渠的渠口由总干渠电站上200米处开口，贯穿渡口镇全境至大滩与杭锦后旗黄河村接壤处，末端接召滩渠，渠梢至鄂尔多斯大套子。该渠年代久远，渠线几经变迁，现存的渠线是1973年改扩建后定型至今。

一、清代大滩渠的形成

    大滩渠开挖于清乾隆元年（1736年），由山西袁家、宁夏吴家两姓人合伙开挖，是河套地区清代的第一条干渠，也是河套地商水利的杰出代表，它标志着一个时代的到来，即河套地区的水利经过了宋元明三代近1000年的中断后又兴起了。

清代开挖的大滩渠由磴口县东套子处直接从黄河开口，经渠东、渠西间过南柳子、东柳子、北柳子、西沙湾，由郭家圪旦与樊家圪旦中间穿过进入南尖子、大滩再向下延伸至今补隆淖小滩子，末梢至艾家湾沙窝（是其退水处），宽1丈，深5尺，全长20余里，浇灌土地38顷❶，水大时也可能流入乌拉河，这是最早的大滩渠，此渠线存在时间最长，从清乾隆元年起至1960年总干渠开通止，使用时间超过200年。

关于大滩渠的开挖时间最早见于文字记载的是民国三十六年（1947年）政府出版的《边疆通讯》，记述了磴口县境内的几条干渠的开挖时间、渠的起止、长度、宽度、灌溉面积等，称大滩渠、申家河开挖时间是清乾隆中期。对于大滩渠的开挖，并未查到有关的史料记载，只有民国后期的数据。陈国钧在20世纪40年代写成的《西蒙阿拉善社会》一书记载："大滩渠：开掘于清代乾隆年间，开掘者系山西人袁姓，渠口在天兴泉下至小滩止，全长二十余里，可灌溉田亩，约三千八百亩。"马成浩在《阿拉善旗农业概况》中对大滩渠所灌溉田亩的统计也是3800亩❷。虽然与河套清代八大干渠相比，大滩渠的灌溉面积要少得多，但作为河套地区第一条干渠，其建成的意义大于所能浇灌土地多少的意义。

相传，大滩渠是袁吴两家的先人合伙开挖的，他们是来后套开渠的第一家。袁吴两家的先人从平罗乘船来到大滩，当时大滩周边百余十里杳无人烟，遍地长着红柳、白茨、竹芨，高达丈余，人在其中不辨东西。渠路的选择是依据地表径流的遗迹而定，遇弯就拐

---

❶ 丈、尺、里是市制长度单位，1丈为10尺，1尺约合0.33米，1里等于500米。顷为市制面积单位，1顷等于6.67公顷，约合100亩。

❷ 1亩≈667m²。

流。开渠前先将渠路上的植被烧掉再行施工。袁、吴两家合股开发大滩渠，分为十股，袁家出六股，吴家出四股，获益则五五分成，据说主要是因为吴家开渠的技术掌握要强于袁家。大滩渠修成之后，袁、吴两家就在河套拓展他们的家业。袁、吴两家的家业经营也是合在一起，不分家。袁家善于做生意，吴家善于经营土地。吴家熟谙引黄灌溉和河套地区土质条件及耕作方式方法，所以农田地里的生产谋划都由吴家定夺，袁家则掌管经营生意及其他事务。袁、吴两家分工明确、优势互补。袁家股份大，因而人们习惯称袁大掌柜。袁家来大滩的第一代人就定居下来，吴家则是春天种地来，秋收后产品变卖分红回平罗过冬。袁家留下守摊，冬闲时也做些以物易物的小本生意。袁、吴两家的第二代、第三代在第一代人的基础上，耕地进一步增加，家畜养殖已成规模，牛壮、马骏、羊成群。对农田进行平整规划，基本做到了渠系配套、埂直地平、道路皆通，在当时河套地区尚属首家。做好农田基础设施建设也就奠定了发家致富的根本，在经营好土地的同时袁家掌柜集中精力做买卖，很快完成了资本的原始积累。大约在袁、吴两家第二代、第三代，他们生产、生活设施一应俱全，而且提升了档次，此时在磴口地区就有了"申七处、袁八处"之说，袁、吴两家的牛犋达到了八处，与申家不相上下。袁家还建起一座能容纳300～500人的土围子，时人称小城子。据大滩的老年人讲，城墙铺底丈二，顶宽六尺，墙高丈二，顶端可行牛车。

据说，"河套渠王"王同春兴业之初第一个拜访的便是袁、吴两家的先人，汲取直接从黄河开口挖渠引水的经验技术。杨满仓开挖杨家河时登门恳请袁、吴掌柜实地指导。可见当时的袁、吴掌柜在后套影响之大，知名度之高。至袁、吴两家的第三代（袁清宪）前二十年袁、吴两家精诚合作，家业兴旺，生意红火，发展到鼎盛。袁、吴两家的第三代后二十年发生了变故,袁家由盛转衰,两家产生裂隙,从此分道扬镳,结束了袁、吴两家协作的历史。

二、新中国成立后大滩渠的发展变迁

大滩渠作为河套地区清代开挖的第一条干渠,开创了河套地区水利开发的新局面,为后来大规模的水利开发奠定了基础。新中国成立后,大滩渠的渠系及规模在不断发展变化。到1950年,大滩渠有斗农渠25条。截至1955年,大滩渠共有斗农渠75条。1956—1960年,大滩渠接申家河引水浇地。1961年总干渠建成后,大滩渠改为从总干渠电站跌水闸上游0.4公里处开口引水,渠道全长22公里,平均底宽3.5米,平均深度1.3米,渠道比降为1/7000,正常流量为2.5立方米每秒,最大流量为4立方米每秒,渠道设有进水闸1座,节制闸9座。总干渠开挖、三盛公水利枢纽工程建成后,大滩渠并入渡口渠。在渡口渠管理所处设分水闸,一闸三渠,左边为大滩渠,右边为渡口渠,中间为西渠。这时的大滩东柳子渠段东移1里❶左右,渠口接入分水闸。东柳子以下渠段变化不大,只是末端被总干渠截断,至今大滩回民队为渠梢。

此后,经过不断改建变动,截至1963年,大滩渠全长18公里,渠道底宽4米,深1.2米,堤深底宽7米,顶宽2.5米,高1.3米。流量为1立方米每秒,流速0.5米每秒,正常水深1米,渠道比降为1/6500,有草闸8座。口闸位于东套子,连环闸位于南河沿队,东柳子上闸位于东柳子,东柳子下闸位于北柳子,郭家上闸位于韩

---

❶ 1里=500米。

家圪旦，郭家下闸位于郭家圪旦，上滩闸位于上滩，大滩梢闸位于大滩口梢。完整的草闸有2座（口闸、大滩梢闸），其余均为破旧的。

20世纪70年代初，黄河渡口东河沿段受对岸老楞冲顶主河道极力左移，不到两年时间向西淘过七八公里，将渡口三道坑、羊闸滩、祥太东以及黄河村的一、二、三队万余亩土地淘毁，在渡口渠尾部接口的召滩渠也被淘入河中。以致黄河村、大套子1972年秋灌无法进行。这一年初冬，盟县两级水利技术员实地勘察决定改扩建大滩渠，将召滩渠接入大滩渠尾部。1973年初春动工，出动民工三千余人，夏灌前工程全部就绪。这次改扩建比较彻底，除部分渠段裁弯取直之外，还将有的渠段由村子中间移到村子之外，流量由原来的6～7立方米每秒增加到13～14立方米每秒，基本保证灌溉用水量。

大滩分干渠原为渡口分干渠，1974年黄河水冲断渡口渠8.7公里渠段，迫使杭锦旗黄河公社、伊盟（现鄂尔多斯市）大套子从渡口渠供水改由大滩渠供水。1975年将渡口分干渠改为支渠，大滩支渠扩建为分干渠，全长19.3公里，衬砌13.2公里，辖渡口和沼滩2条支渠、80条直口渠，承担着磴口县渡口镇八个村和杭锦后旗头道桥镇一个村共68个村民小组、10余万亩的灌溉任务，年均引水量为6200万立方米。1975年农田大规划只是对桥涵口闸进一步完善，渠线没有变动。"七五"规划后大滩渠成为干渠，渡口渠为其支渠，西渠被毁，其灌域并入大滩渠。

进入20世纪70年代中期，大滩渠经历了扩建和改建工程。扩建工程由一干局渡口管理段设计、施工，工程于1975年4月开工，1975年6月竣工，共计完成土方7.57万立方米，完成工日1.33万个，总造价1.69万元。

1975年9月，磴口县革命委员会向巴彦淖尔盟革命委员会提交了《关于要求渡口大滩渠口闸改建或重建的报告》，报告指出：渡口大滩分干渠，建成运转以来，从1965年起，群众及管理部门反映，在总干引水200立方米每秒时，不能满足灌溉要求，但一直未能引起相关水利部门的重视，直至盟农田基本建设规划队对渡口灌域进行规划时，对这一问题进行调查，并提出对渡口大滩渠进行改建或重建的请示。请示理由是：渡口大滩渠现列为5万亩以上灌域的分干渠对待，渠口建在总干渠电站右侧。渠道灌溉渡口公社、杭锦旗黄河公社（原为大队）、伊盟杭锦旗巴拉亥公社、部队等黄河左岸的河滩地，现有播种面积共计8万余亩。全按万分之一地图计算有20万亩，规划后可发展到14万亩。电站总干渠上游底高程1050.27米，渡口大滩渠闸底栏高程1051.46米，比总干渠底高1.2米；闸为2孔，每孔1.2米宽，当总干渠进水流量达到495立方米每秒时，满孔进水11立方米每秒。渠长22公里，加渠梢支渠9公里多，共长31公里，平均比降为1/7000，目前轮水期为10天，但黄河公社及伊盟的地还浇不完，部分灌户浇不上适时水，也有不少怨言。

根据调查，渡口大滩渠口虽设在电站上，但引水全为自流，电站节制闸从不提供水量调节。因此，总干渠流量在200立方米每秒时渠口不进水，在300立方米每秒时进4.5立方米每秒，400立方米每秒时进6.5立方米每秒，造成部分农作物不能适时适量灌水，只有在总干渠进水400～500立方米每秒时，进水7～11立方米每秒；但由于总干渠负担灌域大，流量不稳定，因下游减少用水，影响渡口大滩渠进水。

据1975年统计，总干渠进水流量200立方米每秒以下时间共8天，占渡口渠进水时间的10%，（在总干渠初放水期，因磴口气温高，比中下游早浇水5天）进水流量305立方米每秒时间占渡口渠进水时间的16.7%，进水流量400立方米每秒时间占渡口进水时间的53.9%，进水流量495立方米每秒时间只有1天。根据规划，耕地要增加20%左右，特别是原黄河大队已改成为黄河公社，更要扩大灌溉面积，伊盟在黄河滩上也不断增加人口、增加农牧耕地面积，此外，还考虑到部分中碱地的冲洗和水旱作物轮作需水量，初步计算增建一个能在总干进200立方米每秒时，进水5立方米每秒的闸；或是将现有闸废弃，重建一个进水15立方米每秒的闸，以满足渡口大滩渠灌域灌溉要求。第二年，该工程得到批复并实施。

1975年，大滩支渠扩建为分干渠后，在18+800处的大滩分干沟新建渡槽1座，同时，新建大滩分干渠11+700处的南尖子桥、14+200处的新胜桥、15+200处的南湾子桥、17+000处的东柳子桥，共计4座桥梁。1977年春天，磴口县统一安排劳力会战东风渠，故大滩渠扩建土方工程只完成二闸以上土方量3.27万立方米，用工日6104个，投资9804.60元。

截至1983年，大滩分干渠共有斗、农渠16条，按照"七七"规划要求，大滩分干渠共建成钢筋混凝土进水闸1座，节制闸4座，尾闸1座，渡槽1座，大车桥6座，支渠口闸4座。渠道全长19.3公里，流量为13～15立方米每秒，规划灌溉面积13万亩，实际灌溉面积8.23万亩，担负着磴口县渡口公社、杭锦后旗黄河公社、伊盟杭锦旗巴拉贡公社新丰大队的灌溉用水。

大滩分干渠共有4条支渠，即渡口支渠、公众支渠、南丈支渠、召滩支渠。其中召滩支渠接渡口支渠渠梢，是杭锦后旗黄河公社、伊盟大套子的灌溉渠道。大滩分干渠有各种闸共计7座，分干渠全长19.3km，口闸水位1054米，设计流量15立方米每秒，灌溉控制面积0.87万公顷，实际灌溉面积0.68万公顷。2010年大滩分干渠有口闸1座，节制闸6座，尾闸1座，灌溉范围包括渡口镇、杭锦后旗黄河镇。

三、大滩渠的运行效果

大滩渠作为内蒙古自治区巴彦淖尔市重点推进的节水控水试点项目，近年来在节水管理、水权改革、农业生产效率提升等方面取得了显著成效，具体表现在以下几个方面：一是水权交易试点创新。大滩渠灌域被选定为河套灌区首个水权交易试点，通过建立水权市场调节机制，探索水资源使用权流转模式，推动水资源从低效领域向高效领域转移。这一改革有效地提升了水资源利用效率，为灌区其他区域提供了可复制的经验。二是节水技术成效推广。通过推广引黄滴灌、移动式直滤滴灌等高效节水技术，结合"干播湿出""两年一浇"等新模式，大滩渠灌域显著降低了传统灌溉中的水资源浪费。例如，滴灌技术使玉米和葵花每亩增产分别达300斤[1]和100斤，同时实现了年节水500万立方米。2023年，灌区全年农业节水总量达1.43亿立方米，大滩渠所在的磴口县通过节水技术应用，成为全国节水型示范灌区的重要组成部分。三是灌溉管理机制优化。针对过去群管组织管理混乱的问题，大滩渠灌域通过整改、撤销不规范组织，成立了362个灌溉服务专业合作社，实现了收费透明化和服务高效化，解决了"收费杂乱、管理低效"的难题。推行"一把锹"浇地管理模式，通过包浇组统一调度用水，打破传统的"三不浇"习惯（黑夜、风天、雨天不浇），显著提升了

---

[1] 1斤为500克。

秋浇效率，减少了水资源浪费。四是灌溉面积精准管理。通过"灌溉面积起底核实百日会战"，大滩渠灌域将新增耕地、开荒地等全面纳入统计，摸清了实际灌溉面积底数，为水量精准调配和用水确权奠定了基础。五是政策与激励机制支持。出台《农业深度节水控水精准补贴及奖励办法》，对节水成效显著的农户和合作社给予奖励，激发节水积极性。同时，农业水价改革通过价格杠杆强化了节水意识。

2023年，河套灌区被中国灌区协会评为"节水型示范灌区"，大滩渠灌域被选定为水权交易试点，通过水权市场的调节作用，优化水资源配置。下一步，灌区计划进一步推广数字孪生技术，提升水资源调度的智慧化水平。大滩渠灌域通过技术、管理和制度的多维创新，不仅实现了节水目标，还在促进农业增产和农民增收上起到积极的作用，为河套灌区打造全国一流现代化灌区提供了示范样本。

东 风 渠

曹 冲

东风分干渠位于磴口县境内乌兰布和灌域（原名申家河，后被人们习惯称为沈家河），于清乾隆初年由山西大同申朝聘的祖父所开。渠线流经粮台乡、坝楞乡、补隆淖乡、协成乡、哈腾套海农场、四坝乡、公地乡、沙金六乡一苏木一农场等地，灌溉面积20多万亩，担负着磴口县2/3的农田灌溉输水任务，1967年改名为东风分干渠，简称东风渠。

一、清代东风渠（申家河）的开挖和建设

清乾隆初年，申朝聘的祖父属富商之列，他在参加五台山庙会时与一喇嘛一见如故，后经喇嘛帮助，获得开垦察汗淖以下至乌兰木头的地权，并获准在三盛公以上黄河沿岸开渠引水，从此开启其在河套垦荒种地、兴修水利的创业生涯。清乾隆二十八年（1763

年），申家河动工开挖，历时四年，开渠成功，共花费白银4500余两。申家在开渠的同时，开垦荒地40余顷，置备了牛犋7处，即所谓"申七处"。牛犋分别设在察汗淖、河拐子、哈拉图、补隆淖、两盛兴和乌兰木头，申柜设在乌兰木头，取名号"天兴和"。从此，申家在磴口县扎下了基业。

到了清同治年间，经过近百年的苦心经营，申家的产业已有相当的发展。这期间，申朝聘的祖辈、父辈相继过世，家业由其同胞三兄弟继承，即申朝聘、二弟申朝柱、三弟申朝鼎。他们兄弟三人分别住在乌兰木头、察汗淖、哈拉图，由申朝聘掌管申柜，支撑申家门户，兄弟三人齐心协力，继续发展了祖上产业。到清光绪初年，申家已积累白银数十万两的家产，拥有牛犋7处，耕牛300余对，耕地近百顷，养羊几千只，骆驼30余峰，年产各种粮食八九千石，成为磴口境内富甲一方的大地商，故当时被人们称为"申十万"。

清光绪二年（1876年），天主教圣母圣心会传教到三盛公，并建立教堂，迁移教民，租地耕种。后由于租地面积的扩大，用水量逐渐增加，直接影响到申家用水，申朝聘不得已到教堂与神父交涉，教会同意自己开渠引水。清光绪十八年（1892年），教会组织教民开挖了三盛公渠，但由于上水困难，与申家发生利益冲突。申家请地方官阿拉善旗总管阿木尔吉日嘎拉（人称安九大人）从中调解不得，后由阿拉善旗王爷令总管安九召集教会、申朝聘及在申家河上淌水的零户协商，共同出资劈宽深挖申家河，以加大申家河的流量，共同使用申家河。但此举因为洋教会的以势压人，并没有彻底解决引水难的问题。申朝聘为避开教会势力，决定从乌拉河上开口引水，从此摆脱了教会势力的干扰。清光绪二十五年（1899年），义和团运动波及三盛公地区，三盛公教堂暂被阿拉善旗王爷封闭。

清光绪二十六年（1900年），义和团运动失败，外籍神父卷土重来。教会借"庚子赔款"之机，以三盛公教堂遭破坏为借口，向阿拉善旗王爷索要5万两白银的赔款。阿拉善旗王爷迫于帝国主义势力和清政府的压力，向教会赔现银2万两，其余3万两以南至南粮台、东至渡口、北至补隆淖的土地作抵。这样，教会轻而易举地霸占了大片土地。教会霸占大片土地之后，仍不满足，想方设法兼并地商的土地。教会因申家河的纠纷，对申朝聘一直怀恨在心，苦于没有借口吞并申家的土地，达到永久侵渠霸地之目的。清光绪二十七年（1901年）春，教会与总管安九经过密谋，对申朝聘谎称教会自愿退出申家河，主动"让渠"，并让申朝聘尽快清淤挖渠。申朝聘做梦也没有想到，教会的所谓"让渠"是因申家河八年没有清挖，淤积已满，几乎成为废河，如今，把渠"让"给申家，是借申家之财力完成清淤工程。但此时的申朝聘并没有考虑那么多，他只想着重新占有申家河，以振兴自己的家业。于是，申朝聘投资白银50两，粮米30余石，对申家河进行了清淤、疏通。清淤之后，申家河输水情况良好，申家的梢地也能顺利上水。谁知，第二年春麦淌水时，教会又来要水，申朝聘予以拒绝，但因势单力薄，无法阻拦给察汗淖以上各教堂让水的事实。清光绪二十八年（1902年）二月，清军温哨官带一哨兵丁进驻三盛公，温哨官令教会拨地以自养。经过密谋，洋神父派人去申家强行要地，这次教会强占申家土地，共霸去申家补隆淖、哈拉图、河拐子、察汗淖四处耕地，扬言"要申朝聘的老命"，闹得申家上下惶惶不可终日。至此，申家一蹶不振。同年三月，为逃避教会的进一步加害，申朝聘回到了老家山西大同，与当地商界人士共议告状一事，他想通过诉状挽回败局，重振家业。于是，他悄悄回到后套，亲自将诉状呈送定远营王爷府，请求主持公道。但王爷畏惧教会势力，明知理在申朝聘，却不敢为其做主。如此，此案悬而未决，不了了之。申朝聘告状无门，只好作罢，其重振家业的梦想，因教会侵渠霸地而破灭。至此，他也只能守着所剩的30多顷地，近百对耕牛，维持生计。

民国初年，年逾花甲的申朝聘将后套的产业交由已经成婚的儿子申福，便回了大同，从此，再也没有回来。到新中国成立前夕，曾经显赫一时的大地商申家，终于衰败为一个破落地主。

二、新中国成立后东风渠的发展建设

新中国成立后，在国家大力发展农业、改善民生的战略背景下，河套灌区开展大规模水利建设。东风渠作为河套灌区的重要组成部分，其发展历程见证了河套地区水利事业的巨大飞跃，对区域农业现代化进程产生深远影响。从1950年开始，东风渠进行了不断的改建和扩建，使周边大片农田得到有效灌溉，农作物产量大幅提高，为解决当地粮食短缺问题发挥了重要作用。

1950年，沈家河在新盛阳以东（在1967年之前，东风渠一直被称作申家河，后被人们习惯称为沈家河），从黄河上自流引水，全长45公里，均宽不足6米，深约0.75米，流量不足6立方米每秒，大小支渠十几条，渠道弯曲，这是新中国成立后沈家河的现状，在三盛公水利枢纽工程未建成前，沈家河年年淤堵，每年进行春修清淤。

从1952年开始至1956年，当地政府对沈家河下游25.4公里进行了整修，完成了沈家河入口处的新开借水渠，据统计有支渠65条。在1958年的《磴口县林业工作初步总结》中写道："沈家河大干渠在三十年内部分改道七次。每次刮大风，水渠被沙子填平，因挖渠内积沙要花费人工三千多人"。1959年12月24日调查资料显示：沈家河长度64.5公里，渠道平均底宽7公尺❶，平均深度2.5公尺，渠道边坡比降为1/6000，最大流量10立方米每秒，一般流量7立方米每秒，共有闸25座（其中，进水闸1座、节制闸19座，泄水闸5座）。

1960年，东风渠一期工程顺利完工。一期工程主要完成主渠道开挖和初步配套设施建设，实现了引黄河水灌溉周边农田的目标，结束了部分地区靠天吃饭的历史，河套灌区灌溉面积显著扩大。同时，灌溉条件的改善吸引更多人口定居，促进区域农业经济发展，为后续水利建设和农业现代化奠定基础。

沈家河原由巴彦高勒市（现磴口县）水利局管理，1963年7月30日交巴彦淖尔盟一干灌域管理局管理，1967年改名为东风分干渠，简称东风渠。随着时代发展和技术进步，原有的东风渠工程逐渐暴露出一些问题，如渠道渗漏严重、输水能力不足、灌溉管理粗放等，制约了灌溉效益发挥和农业进一步发展。同时，国家对农业重视程度不断提高，提出农业现代化发展目标，要求进一步加强水利基础设施建设，提高水资源利用效率。在此背景下，东风渠迎来技术革新与规模拓展的重要阶段。从20世纪70年代起，国家加大对水利建设投入，先进水利施工机械逐渐引入，提高了工程建设和维护效率。渠道衬砌技术的应用成为东风渠发展的重要里程碑。

1970年，根据"六五"规划，磴口县开挖了包东分干沟，占用东风渠4.5公里渠身，将东风渠改为从一干渠18公里处引水，闸底比渠底高50公分❷，口闸位置与一干渠成丁字形，坡降为1/10000。

---

❶ 公尺是国际单位制法定单位米的旧称。
❷ 1公分国际单位制法定计量单位厘米的旧称。

经过一年的灌溉实践，东风渠从一干渠18公里处引水，进水不好，地形选择也不好。经过4公里沙漠，渗水严重、流水不畅，经常需要清沙才能通水，社、队负担太重。在一干渠18公里处引水，一干渠水位将要提高一米，输水损失更大，使得红卫、坝楞两个公社的土地盐碱化更为严重。实践证明：在18公里引水，困难很大，矛盾很多。鉴于上述状况以及在灌溉中发生的种种问题，经请示批准，于1972年4月在一干渠口闸下600米处，新建了东风渠永久性口闸，比降为1/7000，设计流量为15立方米每秒，一般进水流量为12立方米每秒，从而保证了灌溉，增产效果比较显著。

东风渠尽管在新中国成立后进行过多次的洗挖，但渠的旧貌未有彻底改变。东风渠改建前，有6个公社13个大队70个生产队和农管局三团等单位在此，干渠灌溉面积达13万亩。改建前，基本上走的是原沈家河旧线，是从一干渠进水闸下右岸约600米处开口，穿过市镇，流经粮台、坝楞、补隆淖、协成4个公社到四坝红旗大队为止，全长约48公里，有110个弯。渠身弯道多、断面窄、不整齐，灌域长，原渠口设计进水流量是15立方米每秒，由于渠道不畅通，一直达不到设计流量，进水流量最大只能到12立方米每秒左右。同时，每次放水时都会出现上游防洪、下游抗旱的被动局面。另外，处于东风渠下游位置的四坝、公地两个公社，一直由乌拉河引水灌溉。但乌拉河灌域灌溉面积大、流量小、轮水期长，每轮灌溉水期为12～15天，致使这两个公社的农业生产受到一定的影响。根据这一实际情况，要求将上述两个公社的土地纳入东风渠灌域。

1975年3月5日，磴口县委书记巴图同志带领调查组，步行9天走访社队，对全县农、牧、林、水自然资源情况进行了认真的调查研究，认为东风渠的现状远远适应不了今后磴口县农牧林业发展和治理乌兰布和沙漠的需要，因此东风渠必须进行改建，为子孙后代造福。经过实地调查后，初步确定了东风渠改建的路线：从一干渠进水闸下右岸640米开口，经磴口县食品公司的饲养场、四完校广场、土产公司，到内蒙古皮革化工厂、铁路桥，穿过县城，进入包兰铁路并行3.8公里的旧渠内，向西北转弯，由坝楞公社西面，进入旧渠到河壕闸，贯穿补隆淖公社及协成公社后，经过原尾闸，到四坝红旗三队，向西北转弯，接原公地公社麻迷图渠，全长63公里。其中生工段占21公里。磴口县委决定，东风渠改建方案由水利部门进行勘测设计，并报上级有关部门批示。改建后，灌溉面积可发展到25万亩，将从乌拉河引水的四坝、公地公社纳入东风渠灌域，渠道流量由12立方米每秒增加到20立方米每秒。

1977年2月24日，磴口县委常委会决定从3月20日开始会战东风渠，作出会战东风渠的决定，东风渠会战施工，成立了东风渠会战总指挥部，由县委书记巴图担任总指挥，指挥部设在河壕管理段。为保证工程按时按质完成任务，由交通局给指挥部抽调两辆大汽车为工程服务，县委办公室负责抽调小车1辆，物资局打字机1台（随人），于3月10日在指挥部（河壕管理段）报到。

指挥部下设三处：施工处、政治处、后勤处。各公社、镇（包括机关单位）分别以党委书记、分管水利的领导、武装部长组成8个分指挥部，即8个施工单位，全面领导会战工作。土产公司负责准备足够数量的铁锹、箩头、扁担等物。县属所有单位都按职工在册人数统一分配每人挖土30立方米左右，城镇和农村的初、高中学生每人25立方米。驻磴口县的盟级和自治区级各单位按人均任务每人15立方米左右。渠堤碾压需15辆链轨车，分别是红卫村2辆、坝楞村1辆、渡口村3辆、协成村2辆、补隆淖村2辆、四坝村3辆、公地村2辆，负责碾压各公社的土方段落，城镇段的碾压任务由城镇分指挥部联系有关单位解决。

这次会战东风渠，要求各级指战员一定要有严格的组织纪律，一切行动听指挥，行动军事化，作风战斗化，一切工作人员，必须按时报到，克服一切困难和阻力，积极工作。经过各级领导和磴口县人民40天的努力奋战，胜利完成施工任务，共完成土方135万立方米，完成杨、柳插条10.2万株；共用钢材60吨，水泥850吨，木材130立方米，砂石料5800立方米；总用工日38.5万个，共用经费85.3万元，其中国家拨付12万元，自筹73.3万元。

改扩建后的东风渠，共裁掉85个弯，将原来的110个弯减少到25个弯，使东风渠变成了一条比较直顺的渠道；并将原来的渠道劈宽近1倍，使最大引水量由原来的12立方米每秒增加到25立方米每秒。渠道长度由原来的48公里延伸到63公里，包括东风渠正梢玛迷图渠，灌溉面积由原来的13万亩扩大到20多万亩，其中：磴口县17.6万亩，农管局近3万亩。与此同时，渠道西堤顶宽3米，东堤顶宽4米，可以通车。从渠口一直到红旗分水闸，渠岸堤内每侧间距2米，堤外每侧十行，交错种植了杨、柳树和沙枣树，间距为1米。因此，东风渠的改建，成功地实现了渠、路、林三配套，并在原有建筑物的基础上，新建了一干节制闸、红旗闸、东风渠大桥；扩建了东风渠口闸、河壕闸、三团闸、内蒙古皮革化工厂铁路桥；改建了西边渠口闸。原来渠的底宽上游10米，下游4米，改建后第一段22.5公里，底宽14米；第二段15公里，底宽10米；第三段8.8公里，底宽8米；第四段16.7公里，底宽为原来的底宽，全长共计63公里。

东风渠扩建时，渠道纵坡还是采用原来的纵坡。为了保证上游进水，将进水闸到河壕闸一段纵坡调为1/6500，且河壕闸新增1孔，比原闸底板降低0.3米，纵坡由1/7000调为1/6500。其余各渠段纵坡保持原坡降仍为1/5000，渠道边坡为1/1.5，渠口处设计最大水位按一干渠新建浮体节制闸控制最大水位确定（为1053米），闸前沙漠段根据具体情况，将焊台适当放宽，每侧3.8米。

工程完工后全县召开了庆功大会，表彰了61个先进集体、1004名先进生产者，评出劳动模范20名。磴口县委、县革命委员会发布了《关于授予孙增刚等20名同志为会战东风渠劳动模范的光荣称号》，号召全县人民向他们学习。

1977年东风渠改建后，其水位不能满足红卫公社北滩大队、永进大队及坝楞公社黄土档大队共计2500亩高地的灌溉。按照"七七"规划，同时根据受益单位要求，及时修建了东风渠第一节制闸，即北盖闸。

东风渠第一节制闸位于东风渠7公里处的红矾厂铁路弯道下。工程由巴彦淖尔盟一干灌域管理局设计、施工，于1978年3月开工，同年7月竣工。共计完成土方6000立方米，石方355立方米，混凝土275立方米。工程用料：钢材5.4吨，木材8立方米，水泥103吨；完成工日5925个，国家投资总计6.64万元。从1979年开始，又相继完成了团结闸、新河闸、夹道闸，扩建红矾厂铁路桥、公地扬水站桥、包兰铁路一侧砌石护坡（干砌石长100米）、黄土档坝楞草闸、支渠配套等工程，建设干渠闸4座，支渠闸2座，拖车桥1座，共计用工3.54万个，完成土方2.2万立方米，混凝土2222立方米，浆砌石1629立方米，用水泥619吨、木材70.9立方米、钢材102.76吨，共计投资34.62万元。1979年建两苗树闸、同心六队闸、海子堰桥、海子堰滚水坝、四坝公社猪场桥，建分干集闸1座、拖车桥1座，共计用工8700个，完成土方3500立方米，混凝土310立方米，浆砌石369立方米。用水泥116吨、木材8.4立方米、钢材5.7吨，合计投资6.8万元。据1982年6月12日调查：东风渠共有干、直口渠132条，其中，支渠6条，斗渠13条，农渠113条。东风渠的一干灌域管理局公管渠道的长度为45.6公里，社、队管理17.4公里，共计长度63公里。1985年，国家计划投资1.05万元兴建东风渠尾闸，尾闸工程日出民工20人，共计完成土方500立方米，石方132立方米，混凝土40立方米，用砂石料105立方米、水泥21吨、木材0.5立方米、钢材360公斤；用工日600个，完成投资1.6万元。同年，东风分干渠第一节制闸下护坡维修工程由巴彦淖尔盟一干灌域管理局东风管理所施工，工程于4月15日开工，4月30日全部竣工。完成拆除旧钢筋混凝土预制块12立方米、浆砌石62立方米、干砌石18立方米，抛石6立方米，完成土方100立方米，两岸白茨吊墩土方80立方米。工程用水泥6.8吨、砂石料109立方米，完成工日700个，实际完成投资4994.20元。1985年5月6日经一干灌域管理局有关人员验收，基本达到设计要求。

截至1987年，东风分干渠毛灌面积31.7万亩，净灌面积20万亩，由巴彦淖尔盟一干灌域管理局东风管理所管理。2010年，东风分干渠有口闸1座，设节制闸8座，支渠5条；灌溉范围包括巴彦高勒镇、隆盛合镇、沙金套海苏木、哈腾套海农场。东风分干渠全长45.6公里，口闸水位1052.6米，设计进水流量25立方米每秒，截至2017年，实际灌溉面积24.43万亩。

三、东风渠的现代化建设

进入21世纪，随着信息技术、自动化技术飞速发展，以及可持续发展理念深入人心，水利建设面临新机遇和挑战。国家提出加快水利现代化建设，推动水资源可持续利用，实现人与自然和谐共生。在此背景下，东风渠建设理念从传统水利向智慧水利和绿色发展转变，注重利用现代科技手段提升水利管理水平，加强生态环境保护。

在智慧水利建设方面，大力推进信息化管理系统建设。通过在渠道沿线安装传感器、摄像头等设备，实现对水位、流量、水质等数据的实时监测和远程传输。利用大数据、云计算等技术，对监测数据进行分析处理，为灌溉决策提供科学依据。同时，引入自动化控制系统，实现闸门的远程控制和自动化调节，大大提高灌溉管理效率和精准度。管理人员坐在办公室里，通过电脑或手机就能实时掌握渠道运行情况，及时调整灌溉方案，实现水利管理智能化和便捷化。

在绿色发展理念引领下，东风渠更加注重生态环境保护。一方面，加强渠道周边生态环境治理和修复，植树造林，美化环境，打造绿色生态廊道。通过建设生态护坡、湿地等措施，改善渠道周边生态系统，提高生物多样性。另一方面，积极推广节水灌溉技术，如滴灌、喷灌等，减少农业用水浪费，提高水资源利用效率。同时，注重水资源合理调配，在保障农业灌溉前提下，兼顾生态用水需求，维护河套地区生态平衡。

智慧水利与绿色发展的举措使东风渠焕发出新活力。东风渠灌溉用水效率大幅提高，水资源得到更加合理利用，农业生产实现增产增效。生态环境得到明显改善，渠道周边绿树成荫，生态景观优美，成为当地居民休闲娱乐好去处。同时，东风渠的现代化建设为河套地区水利事业发展树立了榜样，带动周边地区水利设施升级改造。

四、东风渠的运行效果

新中国成立后东风渠的发展建设，是一部充满艰辛与奋斗的创业史，也是一部不断创新与进步的发展史。从建设初期的艰苦创业到发展中期的技术革新，再到现代化建设时期的智慧水利与绿色发展，东风渠在不同历史阶段都发挥了重要作用，为河套地区农业发展、经济繁荣和生态改善作出不可磨灭的贡献。

灌溉效益显著提升。东风渠是河套灌区的主要输水渠道之一，设计流量较大，可满足灌区内大范围农田的灌溉需求。通过东风渠引水，有效保障了灌区内的粮食作物（如小麦、玉米）和经济作物（如葵花、瓜果）的稳产高产。在干旱年份，东风渠通过引黄河水补充灌溉水源，显著提升了区域农业的抗旱能力，减少了因缺水导致的减产风险。

保障粮食安全与农业稳产。东风渠是河套灌区输水骨干，年均引黄河水量达数亿立方米，覆盖灌区数十万亩农田，直接支撑小麦、玉米、向日葵等作物的规模化种植，使河套平原成为"塞外粮仓"。在干旱频发的西北地区，东风渠通过稳定的引黄灌溉，显著降低了农业因旱减产风险。在近年黄河流域的干旱年份，灌区粮食产量仍保持稳定，贡献内蒙古约 1/3 的粮食产能。通过节水灌溉配套，东风渠助力灌区推广高效农业，如滴灌技术下的高附加值瓜果、蔬菜种植，提升了农民收入。

促进区域经济发展。灌区农业产值占当地经济比重较高，东风渠保障的稳定灌溉为农牧民年均增收提供基础。内蒙古自治区巴彦淖尔市农民人均可支配收入中约 60% 来自灌溉农业。灌溉农业带动了农副产品加工、物流、农机服务等产业发展，形成区域经济良性循环。

改善生态环境。通过科学配水和排水系统建设，东风渠灌区盐碱化面积较20世纪末减少约30%，耕地质量显著提升。向乌梁素海等湿地补水，维持了黄河流域重要湿地的生态功能，保护了200多种鸟类栖息地，助力乌梁素海入选"国际重要湿地"。灌区农田林网与灌溉系统结合，有效遏制了库布齐沙漠东扩，改善区域小气候。

推动水资源高效利用。东风渠通过渠道衬砌、智能测控闸门等改造，输水效率提升20%以上，成为黄河流域节水灌溉的标杆工程。

通过优化调度，灌区亩均用水量从过去800立方米降至500立方米以下，为黄河流域"水资源刚性约束"政策落地提供了实践范例。

社会效益与民生保障。灌溉保障使灌区贫困发生率显著低于非灌区，成为内蒙古乡村振兴的重要依托。河套灌区是边疆少数民族聚居区，东风渠的稳定运行对维护民族团结、边疆稳定具有战略意义。

技术创新与管理经验。东风渠试点应用远程水位监测、自动化闸控系统，为全国大型灌区数字化管理积累经验。灌区通过东风渠水权分配探索，形成"总量控制、定额管理"模式，该模式被写入国家节水政策文件。

东风渠是河套平原农业命脉、生态屏障和边疆稳定的基石。未来东风渠将通过持续的技术升级与生态化改造，积极助力"双碳"目标的实现，为高标准农田建设、农村现代化提供基础保障，在黄河流域生态保护和高质量发展战略中发挥更大作用。

乌 拉 河

刘 畅

河套灌区的大部分干渠都经历了由"河化"到"渠化"的过程,乌拉河的形成也是如此。乌拉河原本是黄河的自然支汊,而不是黄河故道。清乾隆后期杨凤珠开始利用乌拉河"就河引灌"。清嘉庆、道光、咸丰、同治、光绪年间,杨大义及其后人使乌拉河逐渐"渠化"。民国时期,乌拉河在河套西部发挥着重要的灌溉作用,是灌域内开发最早的干渠。

新中国成立后,乌拉河干渠成为河套灌区的十三大干渠之一。该渠全长近60公里,距今已有300年的历史,其上游的西部地区为今内蒙古巴彦淖尔市磴口县辖境,其余在巴彦淖尔市杭锦后旗境内。2019年,乌拉河与河套灌区其他古渠一同入选世界灌溉工程遗产名录,是河套地区的重要文化遗产。

一、乌拉河的"河化"历史

（一）乌拉河称谓的由来

由《阿拉善盟旗志史料》可知，早期乌拉河的名称并不固定，有"乌斯图努尔""乌兰木伦"等。一种说法是清道光初至清末该河多称"乌兰沟"，这是因该河河水颜色泛红而得名，蒙古语"乌兰"译成汉语即红色，"乌兰沟"由蒙古语转译为乌拉河，这是民间的主流说法。另一种说法是民国之前乌拉河的灌域之地主要集中在乌拉特西宫旗地界内（今杭锦后旗双庙镇），该河的使用主体是乌拉特，因而得名乌拉河，这一称谓由官方主导，普遍被社会认可沿用至今。"乌拉河"的称谓较早出现在官方文书里是清光绪十二年（1886年）山西巡抚刚毅《筹议晋省口外屯垦情形疏》的奏折中，建议屯垦河套缠金地即临河地区，提及乌拉河。

（二）乌拉河的性质及"河化"

乌拉河原本是由黄河主流衍生出来的自然支流，也是后套地区最早被人们渠化而使用的灌渠，史料文献内容相对要少。《绥远通志稿》有："黄河之乌拉河……"王文景先生在《后套水利史沿革》中说："乌拉河原为天然河流，水势盛大，相传可通至乌加河，经乌梁素海、西山咀仍流入黄河……"《五原厅志略》只有渠名、图表，而无文字表述。《临河县志》亦同。对该河形成途径和形成时间没有明确具体的表述，略显浅见，也给后人留下了遐想的空间。

民间有"神马由缰"的神话传说：上游传说，由黄河里蹦出匹枣红色马驹携缰任随行走，拉出了一条乌拉河；下游传说，由四坝海子堰跑出匹金黄马驹携缰漫游，拉出了一条天生河。传说本身自不必考究，却从侧面给我们提示了乌拉河是自然形成，而非人力所为。

20世纪80年代末期，陈耳东先生的《河套灌区水利简史》面世，引发了河套史学界的反响。在"乌拉河今昔"章节中有这样的论断：一是"乌拉河原为一段黄河故道，自无疑问。在清道光以前，黄河还流经北道（北河）。乾隆时北河西端口一段，汛期向东决成一支流"。二是"道光以后，特别是同治、光绪年间，黄河故道口部被乌兰布和北部风沙淹埋，黄河倒移南河，北河断流，被分为两段，上段称为乌拉河，下段称为乌加河。"这两点虽有疑虑，但陈耳东先生乃河套水利史的权威，学界相互引传，见诸河套水利史的文章里，而民间对其观点的质疑声从未中断。这里有个问题是如何解读陈耳东先生关于"黄河故道"的论断？其所称黄河故道是具指黄河主流流经的河道，还是泛指黄河水流而形成的河道及支汊呢？如果是泛指，那就无须多言；如果是具指，则有待于商讨。在没有其他史料佐证的情况下，只能借助实地考证了。

磴口县几位史学爱好者曾组成考察团进行过深入调查。他们先后三次分别对乌拉河由上而下、由下而上及北河遗迹做了比较全面的考证。采访的重点在召庙乡的总光村、凤光村（即过去的双合成）。双合成是杨大义时期的柜房，这里有几家是杨家佃户的后裔，多年多辈上乌拉河当渠工，对乌拉河的前世今生了如指掌。通过实地考证、走访调查形成了以下四点共识：一是乌拉河是黄河上的自然支汊，毋庸置疑。清嘉道年间就被人们渠化而用之，历经改扩建成为河套地区的主要灌渠。二是乌拉河自成河以来一直单独运行，没有与其他河流、渠道融合或分流的现象，中下段落也没有被流沙淤塞的遗迹。三是乌拉河与北河分离清晰，乌拉河在东，北河在西,走向迥异,没有相融交汇的可能,至于乌加河就更远了。四是北河是被流沙淤塞阻滞断流,但主要集中在口部段落,对中下游没有大的影响。

再由相关史料分析,据《清实录》记载:"康熙三十六年(1697年),清圣巡视黄河,考察宁夏至包头的沿黄地区,上将探视宁夏黄河,由横城乘舟行至湖滩,河朔登陆步行,率侍卫行猎、打鱼、射杀水鸭为粮,至包头会车骑。"在舟船行至屠申泽的过程中,以乌拉河为界划分了阿拉善旗、杭锦旗、西宫旗的界限。

通过实地考察、调研与相关史料的分析,可以得出如下结论:乌拉河是北河汇入南河,由于南河河床尚未充分发育,过水能力不足,河水溢出冲刷而成的自然支汊,成河时间大约在明朝末期、清代初期。北河汇入前,南河仅是条支流,水量不够充沛,没有冲刷支汊的能力。北河并入南河的初始,河床行洪能力不足,才具备了溢出河水冲刷支汊的条件。乌拉河在磴口县境内口部以上类似该河的支汊还有几条,从形制上看,乌拉河并非最大。其他几条随着南河河床的扩张,进水量越来越少,支汊逐渐萎缩、干涸。乌拉河之所以得以持续流淌,是因为下游很早就被人们开发利用,浇灌农田,为保证进水充沛适时灌溉,其口部清淤每年得进行一次,甚至多次,即后套人常说的"捞渠口"。

(三)乌拉河水利史上的杨凤珠和杨大义

关于乌拉河的管理,史料上先后有山西平鲁人杨凤珠、山西平遥人杨大义两人的记载。所以民间或将二者为一,或是说后者是前者的后人。经查阅相关档案与杨大义后人编撰的杨氏家谱可知,两人没有任何关系。杨凤珠活动在清康熙晚期至乾隆初,杨大义则活动在清嘉庆、道光时期。他们是在不同时期对乌拉河水利管理有贡献的水利先贤。

据史料记载，山西平鲁人士杨凤珠是一位晋商，旅蒙商人，往返于山西和内蒙古之间。当时北河还未断流，南河一带匪患猖獗。杨凤珠就居住在乌拉河下游，他是一个壮汉，力大过人，武艺高强，威震四方，行侠仗义，号称"老大王"。因此，过往商船为了安全，绕北河经乌加河到包头。这一带就因为有杨凤珠的震慑，聚集了好多人，利用天然壕沟，掘坝引水，以"清公主欲治菜园地"之名开荒种地，发展农业生产。为灌溉方便，杨凤珠出面主持，对串决的支流进行修理和管理，称之为"杨家河"（非今日所说的杨家河），或"杨家河子渠"。清道光以后，特别是同治、光绪年间，黄河北河断流，被分为两段，上段称为乌拉河，下段称为乌加河。此时杨氏家境中衰，居民外迁，这一带的土地和水利的开发工作随即陷于停滞状态。

杨大义，清乾隆四十二年（1777年）出生，道光二十七年（1847年）卒于山西平遥县，享年70岁。杨大义从嘉庆十年（1805年）前后来到后套，至嘉庆二十五年（1820年）前后十余年的艰辛创业，将天生河两岸的土地应占尽占，应垦尽垦，他于嘉庆十五年（1810年）前后挖通了由乌拉河开口的大柜渠，后又在大柜渠上游10公里处开挖了嘛弥图渠，渠长30里，灌田30顷，灌域延伸到今磴口县公地乡。杨大义除大柜房之外在今召庙乡境内设有东场、西场、下西场等多处牛犋，总柜设在今四坝民兴三队，商号"德盛合"。杨大义倡导并主持对河道的整修，将河口由今黄河镇四社移至今解放闸引水渠口东的补圪退石拐子对正，将各地商零星整修的河段串联起来并疏通下游，送入乌加河故道，使全干渠总长达66.5公里。

二、乌拉河的开发

（一）清代时期

乌拉河成渠初期并无支渠，干渠常年开口，常年流水。灌溉时直接从干渠上开口引水，弯道壅滞，无坝漫灌，高处"旱灾"，低处"水灾"，丰歉无奈，任其自然。开挖支渠初期，三道河厅只准在其辖境西岸开渠，限制东岸用水。至清道光年间，100多里长的乌拉河上只有支渠12条、子渠19条。乌拉河整修成渠初期，口畅水大，时有决口冲出自然支流。《后套水利沿革概略》载："乌拉河有向东冲之支流，退水后杨凤珠耕种管理之，故人称之'杨家河'"。此称并非今杨家河。这一支流大体由今查干敖包乡永红村乔家湾一带冲出沿乌拉河东岸，经甲登巴庙西，在天成恒一带又回归乌拉河。从此乌拉河东地有了渠道，"冲"破了三道河厅的禁令。接着，合和德商号又包租了乌拉河下游的双庙镇一带的乌拉地，设立了双庙镇富明村，原召庙乡明光村的东场、双河镇富明村，原召庙乡总光村的西场和双庙镇太荣村的下场三个牛犋。至此，三道河厅限制东岸开渠之规全被废除。东岸的水利农垦事业开始较快地发展起来。

清光绪年间，乌拉河有支渠121条、子渠9条，灌溉面积达8万亩。随着支渠的增多，"三弯顶一坝"的办法已不能满足支渠引水的需要，便在干渠内增设了轮水坝头。最初的轮水坝共有5座：一坝桃来兔（现乌拉河一闸，位于原磴口县协成乡红光村六组），二坝上经堂庙（位于今杭锦后旗查干敖包乡挪二村四组），三坝隆盛和（现乌拉河二闸，位于原杭锦后旗查干乡富强村二组），四坝永成泰（位于今杭锦后旗查干敖包乡幸福村五组），五坝乌拉坝（现乌拉河三闸，位于今杭锦后旗查干敖包乡甲二村）。五坝下为合和德包租的乌拉地，无固定坝头。后来在磴口协成一带增设了一座坝，隆盛和坝便更名为"四坝"。原磴口县"四坝乡"由此得名。乌拉河口坝位于义祥永，后被淘入河中。

因管理不善，乌拉河经常淤积不畅，引水困难，灌域内经常出现旱灾，迫使本灌域形成了保墒的传统习惯。经多年实践，保墒已成为节水、改土治碱的成功经验。

清光绪二十九年（1903年），乌拉河决口，淹没了天主教徒的几十顷青苗地。部分教徒依仗洋人势力，撑船到西场（合和德新柜住址）坐吃一个月。合和德请求杭锦旗（乌拉河上游东岸地属杭锦旗管辖）事官大臣出面交涉，愿出1800石粮食作为赔偿。但天主堂洋人贪得无厌，硬向杭锦旗施加压力，直至霸占了乌拉河与黄土拉亥河之间的大片土地才算罢休。此前，天主堂洋人就已强行"收买"地商土地，并向阿拉善旗强行"租地"，还竭力阻挡当地人民发展水利事业，加之土匪袭扰，致使多数地商亏损倒闭，削弱了水利投资，造成渠道淤废。下游沿山一带的乌加河，因长期无水流冲，渐被风沙淤塞。清末至民国十三年（1924年），乌拉河每年春季均需清挖河口，等待水涨灌田。若遇汛期水大，大水直泄而下，下游又被水淹，造成乌拉河害利并存。

（二）民国时期

民国十三年（1924年），乌拉河流经杭后地区[1]的下游段落被绥

---

[1] 今内蒙古巴彦淖尔市杭锦后旗。

远省收归国有后，因水利行政和渠务不能实行统一管理，仍然存在着春捞河口、汛期下游受淹的弊端。虽然曾用水费投资将天生壕段劈宽挖深，直通太阳庙沙窝，用于乌拉河的临时退水，但一二年后又被风沙淤废，呈常挖常淤难以避免的恶性循环。

民国二十七年（1938年），为解决渠道淤塞问题，在绥远省临河县水利局的主持下，又以积累的水费将今天生壕渠口以下的一段旧渠劈宽挖深，并向东北新挖到当时的三淖支渠永兴隆一带，计划借用三淖支渠作为进入乌加河的退水渠。但竣工后遭到当地群众的反对，始终未能解决乌拉河的退水问题。后来又在该处挖了永兴隆支渠，堵住了乌拉河的退水出路，乌拉河只好拐向西北，接挖引水道延入乌加河。尽管如此，仍因退水不畅，乌拉河下游常遭水涝灾害。

民国三十二年（1943年）4月20日，绥西水利局根据副司令长官部和绥远省政府的指示，决定整修乌拉河。整修乌拉河的工程包括整修渠口、构筑渠口束水闸以节制进水量；劈挖东梢，将该渠梢与杨家河的三淖河支渠合并，使余水泄入乌加河，并堵塞原退水口，以防溃溢；加修渠背，增强输水能力；同时开挖临时泄水道，以排除多年来淹没大片土地的积水。工程施工劳力由傅作义派出的700多名官兵承担，共开挖土方110000立方米，构筑束水草闸和退水草闸各1座。工程两个月竣工。秋，新建束水草闸被洪水冲毁，遂将渠口关闭。11月上旬，在高信圪旦南的杨家河上新开接口工程，长1公里，以引杨、黄、乌三渠之水，保证了正常灌溉。乌拉河经此整修后，出现了两大变化：一是乌拉河成为一条跨越绥远、宁夏两省的人工渠道，灌溉面积达20万～40万亩，遂被列为河套十大干渠之一；二是临时从杨家河接口引水，成为后来修建黄杨闸，以及合理统筹解决杨、黄、乌三大干渠引水系统问题的前奏。

这一年，由军工重新辟挖了天生壕支渠，将梢部送入太阳庙西沙窝的古"屠申泽"。但由于渠道引水、输水还存在严重问题，以致汛期天生壕瓦窑滩发生决口，溃水深达5米，淹地两万多亩，还淹死了堵口跑坝的渠巡班长张成仁。当时的绥远省米仓县县长乔学增无可奈何地说："太阳庙，瓦窑滩，连淹带旱好多年，耕地成了芦草滩，农民生活难上难。"后来在引水、退水有所改善的情况下，先后在乌拉河口、白脑包天生河口等处修建了草闸，使干渠能够适当调节流量，能够对支渠实施分水、配水，灌溉技术较前大有进步，显著减少了干旱与水涝现象的发生，扩大了灌溉面积。据1950年调查统计，乌拉河共有支渠260多条，子渠125条，灌溉面积11万多亩（其中磴口地区1400多亩）。

乌拉河于民国三十二年（1943年）大力整修后，大大促进了灌溉。可惜的是好景不长，由于管理不善，常年流水，大量余水退入"屠申泽"，以致湖满泽溢，危害四周地区，再加上渠道弯曲，坡降平缓，复又出现水流不畅的问题。到1949年时，乌拉河受一次严重淤积，灌溉困难，灌域常受干旱困扰。

（三）新中国成立后

新中国成立后，党和人民政府带领广大群众对乌拉河进行了大规模的治理。首先开展了乌拉河的大规模清淤工程。1951—1956年，共完成清淤土方452685立方米。其次是采取了三项技术措施，有效地遏制了干渠的冲淘淤积：一是吊墩111个，有效保护了河岸，防止了急流处对河岸的严重冲淘；二是使用箔子、毛棒拉闸，灵活调节水量；三是在干渠内坡两侧以钉木桩编柳条的办法做透水坝226个，这样可以缩窄水面、集中水流、加快流速、减少落淤。最后是实施了干渠直口的合并工程，改变了一渠一口、渠多口乱的局面,既方便了灌溉,又便于管护,省工省力,提高了安全系数。此项工作在进行过程中,由于涉及家家户户的切身利益,利益暂时受到或多或少损失的群众,思想一时转不过弯来,有的表示反对,有的甚至阻挠工程的进行。广大水利工作者和各级干部,通过艰苦细致的思想工作,终于扭转了群众思想,保证了工程的正常实施,并按时完成了预期任务。

1952年,黄杨闸工程完工后,乌拉河引水口仍然进水不畅,泥沙入渠淤积严重。乌拉河引水角为114度,渠道纵比降为1/8000,闸底比杨家河、黄济渠高0.5米,其引水角和渠道纵坡在三渠一口的条件下处于十分不利的地位。渠口引水时产生横向环流,表水流入杨、黄二渠,底流带着大量泥沙进入乌拉河,加之乌拉河干渠弯多流水不畅,乌拉河的淤积仍然十分严重,仍然严重制约灌溉事业的发展。为了克服弊端,不得已又在杨家河口下12公里处的屯垦闸接水,以改善两岸的灌水条件。此举虽然见到效果,但效果并不理想,并未从根本上解决问题。

1960年,总干渠竣工放水后,原解放闸引水渠作废。由于黄河拦河闸尚未建成,暂时在磴口县的天兴泉开挖自流口,并做了自流口束水码头。乌拉河干渠和民兴、清惠等分干渠在杨家河口下6公里处做节制闸引水。此举本想改善乌拉河的引水条件,但引水角反不如前。人们无可奈何地挖苦说:"乌拉河口原在解放闸的耳朵上,现在转到后脑勺了。"鉴于引水困难,管理部门及时采取补救措施,在乌拉河石闸下清淤49736立方米,并补修了杨家河屯垦闸,完成土方1306立方米。1961年,乌拉河用总干渠引水灌溉后,新旧接口处常有窜漏和淘岸险象发生。总干渠中经常出现使建筑物和渠道难以承受的高水位,对包兰铁路的安全运营构成重大威胁。为了避免上述问题的出现,乌拉河又在杨家河口下6公里处新做口闸壅水灌溉。这一口闸同时也解决了民兴、清惠两条分干渠的引水问题。1962年春，为了改善乌拉河的引水条件，把进水口上移200多米，使引水角由原先的114°变为48°40′，并相应在渠口下10公里处裁弯4.5公里。这项工程投资72682.50元，完成土方268400立方米。同年秋，乌拉河灌域开展小型农田水利工程建设：包括洗挖支、斗、农、毛渠232条，修补渠口闸126座，平地2986亩，打堰1308道，完成土方123857立方米。

  1965年，乌拉河采用高接水源的办法，改变引水角度，新建石闸，同时裁弯渠道4公里，清淤18公里，完成土方29万立方米，并开展了大规模的田间水利工程，从而显著改善了引水条件。1966年，将乌拉河干渠改称解放渠，乌拉河管理段更名为"解放段"。在乌拉河33+100处修建第三节制闸。该工程浆砌石221立方米，干砌石1016.2立方米，混凝土224.6立方米。工程总投资39110.42元；动用砂石料1047.6立方米，水泥120吨，木材9立方米，钢材4.041吨。工程完工后显著改善了闸上8.199万亩、闸下4.43万亩的灌溉条件。此外，还开展了两项工程：第一项工程是三淖河接乌拉河工程。二排干沟的开挖打断三淖河后，将三淖河上游归入天生河，下游段落接入乌拉河的五闸上，名为七支渠。这项工程投资5125.72元，完成土方55275立方米。第二项工程是裁正乌拉河桃来兔段4.8公里的弯道。此项工程投资19132.60元，完成土方115095立方米。1967年4月，在乌拉河干渠12+500处建筑第一节制闸，在24+500处建筑第二节制闸，在44+250处建筑第五节制闸，在48+350处建筑第六节制闸，并在二闸至隆盛桥、隆盛和至三闸上裁弯两段，长8.71公里。上述工程总投资190845.38元，动用砂石料5039立方米，土方96561立方米，混凝土326立方米，浆砌石1292立方米，干砌石214立方米。1968年，分别在乌拉河四闸下、三闸上实施了裁弯工程，投资43604.40元，完成土方231623立方米。1969年，在乌拉河干渠三闸下清淤、加背、裁弯、劈宽11.1公里，投资7074.71元，完成土方70074立方米。至此，乌拉河干渠自新中国成立以来共裁掉大小S形弯道18个，改变了过去引水灌溉时利用"三弯顶一坝"的节制水量模式，初步解决了流水不畅的弊端。这条多灾多难、福祸相伴的干渠终于经过"多磨"后迎来了"好事"时期。

1971年3月，在乌拉河干渠38+000处建筑第四节制闸。投资10589.41元，浆砌石378立方米，干砌石60立方米，混凝土310立方米，动用土方1700立方米，石料438.93立方米。是年，在乌拉河干渠53+350处建筑第七节制闸，投资3583元，动用土方800立方米，砂石料365立方米，浆砌石150立方米，钢筋混凝土4.8立方米。1973年，改建乌拉河二闸，并实施了护坡工程，共投资39370.97元。1974年，投资141707.37元，实施了乌拉河渠系配套工程，完成土方527647立方米。1975年，投资46213元，实施了乌拉河截渗沟工程，动用砂石料1017立方米，浆砌石600立方米，混凝土110立方米。同时，实施了二闸西边支渠、三闸东边支渠、乌兰支渠、小南支渠、挪一公众支渠、先进斗渠、玛迷兔支渠、乌拉河支渠、永兴隆支渠、太华支渠、大贵支渠、三淖河支渠等十二条支斗渠的配套工程，共投资119655.45元，动用土方228968立方米，浆砌石1671立方米，干砌石52立方米，混凝土198.5立方米，砂石料4065立方米，水泥339吨，钢材13.8吨。1979年，在乌拉河干渠上游实施裁弯工程和其他治理工程，共投资37618.66元，完成土方105868立方米。

1980—2000年，每年均按照计划，在财力所及的情况下，对乌拉河干渠及其所属分干渠、支渠、斗渠、农渠不间断地进行了治理,虽然修修补补,小打小闹,但年复一年,化零为整,逐步显现出明显的整体系统效应。原来一条弯弯曲曲的河道经过多年七劈八裁后,终于顺直舒畅;经过七道闸门的节制,灌水方便省力,水随人愿,汛不决口,旱无干地。1998年,乌拉河干渠及其所属支斗渠,拆除木闸门,安装铸铁闸门47套,总投资129770.27元。截至2000年,乌拉河全长58.35公里,正常流量23立方米每秒,控制面积528112.7亩,实灌面积305041.3亩。乌拉河二、三、四闸护岸,投资0.80万元。

2001—2010年,乌拉河分别进行了改造和维修,共投入资金649.6085万元,其中:抢险2万元;二闸维修4.6万元;三闸维修0.85万元;三闸启闭机房0.7万元;三、四闸护岸0.60万元;红光生产桥维修8万元;五闸至七闸清淤2万元;六闸至七闸加背5万元;一闸至五闸闸后护岸2.1万元;二闸更换闸门与启闭机、机房新建上电、乌拉河干渠富强二社生产桥大修共2万元;合同五社生产桥大修1.5万元;三闸重建138.0814万元;24+500~38+000段整治52.5051万元;四闸重建116.0414万元;一闸、二闸、三闸闸后护岸2万元;三闸上吴渠口维修1.5万元。

三、乌拉河现状

乌拉河从河套灌区总干渠第一分水枢纽开口引水,设计正常流量23.5立方米每秒,警戒流量26.5立方米每秒,全长53.35公里,干渠上共有节制闸7座。乌拉河灌域位于河套灌区西部,南接总干渠,北抵总排干沟,东与杨家河灌域为邻,西与乌兰布和沙漠接壤。现有引黄灌溉面积28.56万亩,近年年均引黄用水量在2亿立方米左右。乌拉河灌域内的天生河分干渠全长14.3公里,灌溉面积5.78万亩。乌拉河干渠、天生河分干渠上开口的计费直口渠98条,其中支渠9条。斗渠29条,农渠42条,毛渠18条。

乌拉河干渠由内蒙古河套灌区水利发展中心解放闸分中心乌拉河干渠供水所管辖,正科级建制,下设3个股室、5个供水段。灌域管辖1条干渠,长53.35公里;1条分干渠,长14.3公里,管辖98条计费直口渠。辖区引黄灌溉面积28.56万亩,年均引黄用水量约2亿立方米,全年行水期为180天左右。承担着巴彦淖尔市杭锦后旗、磴口县、乌拉特后旗共3个旗县6个乡镇、1个农场的农田灌溉任务。

四、乌拉河的运行效果

乌拉河渠道较深,兼有排水功能,故乌拉河灌域在解放闸全灌域中土地盐碱化程度最轻,农牧业生产比较发达,为"天下黄河,唯富一套"作了恰如其分的诠释。乌拉河干渠作为河套灌区西部的重要干渠,近年来通过管理创新、技术升级和机制改革,在供水保障、节水增效、服务优化等方面取得了显著成效。

在农业供水保障与增产增收方面,乌拉河干渠供水所通过科学调研作物需水规律,制订精细化灌溉计划,利用节制闸调蓄功能优化水量供给,保障了玉米、葵花等作物关键生长期的用水需求。2024年灌域内农作物长势喜人,向日葵茎秆粗壮、玉米穗粒饱满,产量显著提升。建立职工包村包片工作机制,深入田间解决灌溉难题,指导镇村管水人员合理分解用水指标,减少水资源浪费。同时,通过"关爱灌户心贴心"党建品牌,增强干群互动,提升服务效率。

在节水控水与高效用水方面,结合河套灌区整体节水战略,乌拉河灌域推广引黄滴灌、移动式直滤滴灌等高效节水技术,并探索"干播湿出""两年一浇"等模式,有效降低传统漫灌的耗水量。作为灌区水权交易试点的一部分,乌拉河灌域通过水权市场调节机制,推动水资源向高效益领域转移,激励农户节水积极性。

在管理机制优化与组织改革方面,针对原有群管组织管理混乱的问题,乌拉河灌域通过整改、重组成立灌溉服务专业合作社,实现收费透明化和服务专业化,解决了"收费杂乱、管理低效"的顽疾。融入河套灌区标准化管理体系,通过信息化建设(如水量调度系统)和工程维护机制,提升渠道安全性和输水效率。

在生态与工业供水拓展方面,乌拉河灌域参与乌梁素海生态补水工程,利用凌汛期和灌溉间隙向乌梁素海输送黄河水,加速水体置换,累计补水 1.75 亿立方米,兼顾生态保护与农业用水需求。

在信息化与智慧灌区建设方面,乌拉河灌域依托河套灌区信息化平台,实现水位、流量等数据的自动化采集与远程监控,减少人工值守成本。同时,参与数字孪生灌区试点,进一步提升水资源调度智慧化水平,为精准配水提供技术支撑。

乌拉河干渠通过技术、管理和制度的综合改革,不仅保障了灌域内 28.56 万亩农田的高效灌溉,还推动了节水型农业和生态友好型供水模式的发展,成为河套灌区现代化建设的典范。未来,随着水权交易深化和智慧灌区技术推广,其运行效益将进一步释放,助力区域农业增产与生态保护协同发展。

杨 家 河

秦瑞娟

杨家河，位于内蒙古自治区巴彦淖尔市杭锦后旗，始建于民国六年（1917 年），由以杨满仓、杨米仓兄弟为代表的杨氏祖孙三代组织开挖，故名杨家河。它是一条百年人工古渠，也是民国时期河套的十大干渠之一。杨家河相对于民国时期的其他干渠而言，虽然开成较晚，但却是河套地区重要的干渠之一。杨家河灌区是杨家主导开辟的，也是河套人民集体智慧的结晶。2019 年杨家河与河套灌区其他古渠一同入选世界灌溉工程遗产名录，是河套地区的重要文化遗产。

一、清代杨家河灌区的形成背景

杨家河的开挖不单是一项水利工程，也是一定的历史背景下的社会工程。杨家河开挖的历史背景主要有：第一，河套开发接近尾声；第二，河套水利面临困境。

(一) 河套开发接近尾声

清代以来河套的开发，本来是西部早于东部。河套东部的水利开发始于清乾隆初年（1736年），从阿拉善王爷娶清公主，公主"欲治菜园地"，招用农民在乌拉河以西开辟田地引水灌溉。清乾隆、道光年间杨凤珠在乌拉河畔利用杨家河引水灌田。清同治初年至清光绪末年，河套的水利开发重心在河套东部。经过几十年的开发，河套从东至西有塔布渠、长济渠、通济渠、义和渠、沙和渠、丰济渠、刚目渠和永济渠八大干渠，河套的开发已接近尾声，只剩下西部最后一片土地未开发，即今天的杨家河附近地区。

(二) 河套水利面临困境

在清道光年间至清末，河套水利开发形势发展很快，但是因庚子赔款而发生转折。清光绪二十七年（1901年）清政府被迫签订《辛丑条约》，赔偿4亿两白银，本息合计9.8亿两，这就是庚子赔款。清光绪二十八年（1902年），清政府派遣贻谷督办河套水利，地商开渠的势头跌落下来。清政府为了解决财政危机，决定放垦河套的蒙古族部落游牧地，同时收回地商所开私有渠道。清光绪二十九年（1903年）至清光绪三十年（1904年），河套地商将八大干渠的所有权、管理权等权益移交政府，由政府设立的垦务局统一负责河套地区水利建设与垦务的规划、管理及运营。据史料记载，贻谷官办水利之后，渠淹地荒，垦务局入不敷出，河套水利从此进入一个低落的时期。由于官办水利的弊端，民国之后河套各大干渠采取民户包租。从清光绪三十一年（1905年）至杨家河开挖的十二三年间，河套的各大干渠经历了私有私营、官办水利及民户包租的变化。贻谷官办水利尽收河套各大私有干渠归公，使地商几十年的资本积累被掠夺一空。

二、中华民国时期杨家河灌区的开挖与建设

民国元年（1912年），祖籍山西河曲的杨满仓、杨米仓来到乌兰河东岸，勘察河流水文、详考土地禀赋，认定此处具备垦殖潜力，遂绘制杨家河一带开渠的设计草图，并得到五原县大地商兼治水专家王同春指点认可。

杨氏兄弟与杭锦旗主管当局、天主堂洋教士多次交涉，终获杭锦旗当局同意，却遭教堂以重利要挟。无奈之下，二人被迫与教堂签订苛刻合同——约定"渠成后按灌溉面积获利的30%支付天主堂"，方从洋教士手中转包土地。

民国五年（1916年）杨氏从五原迁至今杭锦后旗二道桥杨柜，筹得糜子数百石，购置了施工器材，并对渠线进行了反复勘测，最后确定了渠线施工设计图。

民国六年（1917年）春，杨家河开挖工程正式开工。为了省工省钱，杨氏兄弟打算弃乌拉河口，直接在黄河上另开新口，以便尽量利用原有的天然壕沟，大致经甲登巴庙和哈拉沟后一分为二：一支经澄泥圪卜及三淖河入乌加河；另一支经哈拉沟、白柜西入乌加河。开工后不久，杨满仓因年迈操劳瘫痪卧床，遂由其长子杨茂林执掌渠务，杨春林协助其父杨米仓分管资金的筹措事宜。杨家河从今杭锦后旗黄河镇原义祥永东南黄河岸上的毛脑亥口处开口动工，此处与伊盟（今鄂尔多斯市）杭锦旗的补克退隔黄河相对，卵石层地质构造，黄河河槽比较稳定。工程由杨茂林指挥，其弟杨春林、杨文林、杨鹤林分段监工。经过广大民工6个多月的艰苦劳动，渠

道通至乌兰淖，共挖生工 40 多里；渠宽约 10 米，深约 2.5 米。为了尽快受益，接着开挖了中谷儿支渠。中谷儿支渠长 900 丈，宽 2.4 丈，深 5 尺。后又在中谷儿支渠上开挖子渠 38 条，随即引水灌溉乌兰淖及南红柳地（今杭锦后旗头道桥乡民丰村一带），以期利用所得水费滚动开发，支持后续的工程。但由于上段渠道地势高亢，水流不畅，灌溉面积有限，收取的水费不多，远远补不上后续工程所需的数万巨资。因资金无着，开渠陷入困境，遂与陕坝天主教会协商，屡费口舌周折后，与比利时籍神父邓德超达成协议：将水费的一半上交天主教会，教会向杨家河工程贷款，后工程得以为继。

民国七年（1918 年），河道挖至哈拉沟后，将干渠临时接入大沙沟，并疏通大沙沟被风沙淤塞的段落，以利用水的冲刷力将河槽冲宽冲深。此法在特殊的地理条件下合理运用，倒也省了不少人工开支。杨茂林受其父指点，合理运用了康熙年间黄河下游河道总督靳辅使用过的"川"字形浚河法，开挖渠道十五六里长。"川"字形浚河法的操作方法是先在渠道中线的两侧各挖一条小渠，即"11"形，中间留隔墙，放水后利用水的冲刷力淘去隔墙，冲宽两侧，以成大渠。此法当属特定地理条件下的应急办法，未必能普遍推广。是年，杨春林将个人积蓄 1620 两白银投入工程，开挖了长 340 丈、宽 2 丈、深 2 尺的黄羊木头支渠，并配套开挖了子渠 16 条，使黄羊木头至召滩的耕地得以灌溉。与此同时，傅兰罗个人投资白银 400 多两，开挖了长 360 余丈、宽 6.8 尺、深 4 尺的傅兰罗支渠，解决了准格尔堂门前一部分土地的灌溉问题。

民国八年（1919 年），干渠挖至杨柜大坝附近，将沙沟作为杨家河的天然退水通道，解决了余水的下泄问题。是年，杨春林又将个人积蓄白银 22680 两投入工程，开挖了长 6300 丈、宽 2 丈、深 5

尺的陕坝文渠。截至民国十年（1921年），又配套开挖了子渠23条，初步解决了杨柜东至刹台庙一带土地的灌溉问题。是年，由农户集资在杨家河干渠两岸开挖了王根根支渠、小东边支渠、吕平治支渠、郝二老汉文渠、刘高保支渠、王四支渠、王银坑支渠、朱二其支渠、高长林支渠、吕四支渠、尹喜支渠、白官保支渠、张大喜支渠等15条小支渠，初步解决了干渠东哈拉沟至杨柜以南，干渠西吕四圪旦、尹喜圪旦、白官保圪旦、张大喜圪旦、杨柜一带土地的灌溉问题。

民国九年（1920年），杨春林将个人积蓄白银3.24万两投入工程，开挖了老谢支渠及其子渠41条，初步解决了刹台庙至老谢圪旦一带土地的灌溉问题；利用农户渠款白银5万多两，开挖了东边渠支渠及其所属子渠7条，初步解决了捉壕、杨二旦一带土地的灌溉问题。另外，杨毛匠、田骡驹、郭启世、沈存子等共投资白银3600多两，开挖了杨毛匠支渠、田骡驹支渠、郭启世支渠、沈存子支渠和大豆支渠等，初步解决了田骡驹圪旦、郭家台子附近、沙罗圈南沈存子圪旦及挪子亥城附近土地的灌溉问题。

民国十年（1921年），因鼠害严重，水租、地租收缴数量减少，故出现了渠工工资和债息两亏的困难局面。杨氏无奈，只得将干渠工程进度放慢，优先开挖支渠，尽快扩大灌溉面积，千方百计增收水费地租，确保干渠的开挖工程继续进行。其间，杨春林投资白银28800两，开挖了陕坝支渠、西渠支渠及其配套子渠33条；赵拴马投资白银500两，开挖了赵拴马支渠；天主堂投资白银2300多两，开挖了2条天主堂支渠；王外生投资白银170多两，开挖了王外生支渠；塔候仁投资白银5000多两，开挖了塔候仁支渠及其配套子渠2条；李留所投资白银100多两，开挖了热水圪卜支渠；赵连奎投资白银1000多两，开挖了赵连奎支渠；马仁投资白银300多两，开挖了马仁支渠；福茂西投资白银 2000 多两，开挖了福茂西支渠及其配套子渠 2 条；周义长投资白银 2000 多两，开挖了周义长支渠及其配套子渠 2 条；樊毛四投资白银 300 多两，开挖了樊毛四支渠，苏黑郎投资白银 400 多两，开挖了苏黑郎支渠。

民国十一年（1922 年），刘高保投资白银 2000 多两，开挖了刘高保支渠；刘启世与张温于集资白银 8000 多两，完成了刘启世支渠及其配套子渠 5 条的开挖任务；花户集资白银 3500 多两，开挖了西边渠支渠及其配套子渠 4 条；杨胡拴投资白银 300 多两，开挖了杨胡拴支渠；刘四明眼投资白银 300 多两，开挖了刘四明眼支渠；魏桂元投资白银 150 多两，开挖了魏桂元支渠；宋铜投资白银 600 多两，开挖了宋铜支渠；翟二投资白银 1000 多两，开挖了六八渠支渠及其配套子渠 3 条。

民国十二年（1923 年），胡达赖投资白银 5000 多两，开挖胡达赖支渠及其配套子渠 3 条；白乔保投资白银 2000 多两，开挖了白乔保支渠及其配套子渠 2 条；魏凤岐投资白银 900 多两，开挖了魏凤岐支渠；康善人投资白银 300 多两，开挖了康善人支渠及其配套子渠 1 条。

民国十三年（1924 年），杨春林投资白银 28000 两，完成了三淖支渠及其配套子渠 70 多条的开挖任务，初步解决了甲登巴庙至白脑包一带土地的灌溉问题；王善人投资白银 300 多两，开挖了王善人支渠及其配套子渠 1 条；刘喜红投资白银 500 多两，开挖了刘喜红支渠。

民国十四年（1925 年），杨家河干渠挖至三道桥附近。杨春林投资白银 81000 两，使民国十一年开工的蛮会支渠及其配套子渠 73 条的开挖工程胜利竣工。

民国十五年（1926 年），王留投资 10000 多元，开挖了王留支渠及其配套子渠9条；李三和投资白银600多两，开挖了李三和支渠及其配套子渠3条；王拴如投资白银100多两，开挖王拴如支渠；谦德西投资白银100多两，开挖无名小支渠。是年冬，杨家河干渠开挖到王拴如圪旦以上接入乌加河。至此，长达64公里的杨家河干渠全线贯通。渠虽成型，但因正梢地势偏高，水流不畅，难以泄退余水。

民国十六年（1927年），杨氏为了解决杨家河干渠的退水问题，一方面将干渠西侧的三淖支渠梢接挖送入乌加河，另一方面将蛮会支渠梢部接挖送入乌加河，双流退水均通畅。历时十载的杨家河主干工程至此基本竣工，灌溉面积300顷。

民国十七年（1928年），杨春林投资白银6480多两，开挖东边支渠及其配套子渠11条；冯官锁投资白银5000多两，开挖冯官锁支渠。

民国十九年（1930年），杨春林投资白银10000多两，开挖赵五禄支渠后改建更名为大树湾分干渠；谦德西投资白银4000多两，开挖了缸房支渠及其配套子渠3条；张三毛投资白银1000多两，开挖了张三毛支渠。截至民国十九年（1930年），杨家河干渠已有配套支渠67条，子渠355条。其中杨氏投资开挖大支渠10条，子渠295条，并在干渠上修建车马大桥5座，桥下可通小木船。今头道桥、二道桥、三道桥皆以桥的序数命名。

据《绥远通志稿》载："民国十九年（1930年）后，杨家河每年决口20至30次，平均每次淹地200至300顷，给灌域垦民造成巨大损失，虽经多方补救，均未能从根本上治理水患。"

民国二十年（1931年），杨家河当年灌溉面积已达18万亩，是民国十六年（1927年）竣工时的六倍。

据《绥远通志稿》载："杨家河民国十九年（1930年）渠水异

常大涨，退入乌加河后，流至后速坝地方，四行泛滥，致将该处全成泽国，淹没田禾有百余顷之多。民国二十一年（1932年）渠东南沙沟坝决口，水全流入刹台庙滩，因水势过猛，无法筑堤，流二十余日，始行堵塞，该滩一片汪洋，淹没田禾150余顷。民国二十二年（1933年）干渠三道桥北热水圪卜决口，又加沙沟南北二坝及塔候仁坝均被冲破，以致热水圪卜百余顷青苗全被淹没"。为了泄水，便在干渠中游的旧头闸处放开哈拉沟，将余水退进沙窝。为了安全，派专人进入沙窝跟踪水流。不料"利用退水七天便冲出一条大沙沟渠来"。从此大沙沟就成了杨家河的天然退水通道。大沙沟渠南起今杭锦后旗头道标哈拉沟干渠头闸处，流经今杭锦后旗的头道桥、二道桥、南小召、南渠、三道桥、沙海等乡镇，北至杨家河二闸小沙沟通入乌加河。

大沙沟渠能为杨家河退水，水大时采用分段打坝节制流量的办法也可用于灌溉，最多时可灌溉土地三万亩。

杨家河自从靠大沙沟退泄余水后，干渠内水势大涨，口部进水量由原来的18立方米每秒猛增到110立方米每秒，因而河槽越冲越深，河床越淘越宽。干渠上游被水冲蚀后，水位明显降低，又使准噶尔、老谢等支渠引水困难，出现干旱现象。不得已，黄羊木头和乌兰淖两地垦民于民国二十一年（1932年）直接从黄河上开口，开挖了民兴渠，脱离了准噶尔支渠。

民国二十二年（1933年），阎锡山屯垦队屯垦支渠首先修筑渠口束水草码头，抬高了干渠水位，显著改善了支渠引水状况。此举为解决枯水期高渠口的引水困难和调节汛期干渠水无节制下泄而造成的下游水灾提供了宝贵经验。此法很快被各地效仿，均收到显著效果。束水草码头是草闸的初期形式，是灌域劳动人民在利用野生植物捆成埽棒堵塞决口的基础上发展而来的。

民国二十八年（1939年），管水的地主豪绅误以为"水淹一条线，干旱一大片""水多总比水少好"，因而废弃了"束水草码头"的成功经验，敞开渠口，任水流冲淘。三年后，干渠内流量大增，渠道不堪重负，每年决口均在20次以上，造成严重水灾。这是杨家河收归国有后改变管理制度酿成的祸端。

民国三十年（1941年），绥远省政府主席、第八战区长官部副司令长官傅作义派军队开展了较大规模的水利建设。除普遍整修辖区内的渠道之外，新开挖机缘支渠及其配套子渠，使杨家河灌域面积猛增至三十万亩左右。翌年，傅作义派官兵300名在杨家河上修建了头闸、二闸、屯垦草闸和大沙沟、小沙沟、三淖河、机缘渠、陕坝渠、杨家河正梢渠、蛮会退水渠等10座草闸，并加高了二道桥以下的干渠渠背，提高了灌溉质量。

民国三十二年（1943年），由绥西水利局主持，将黄土拉亥河口上接到高信信圪旦处的杨家河上，并将乌拉河河口也改到此处，在三渠分水处修建了黄杨分水草闸。由于乌拉河、杨家河、黄土拉亥河三干渠合用一条引水渠从黄河引水，引水渠口又无节制流量设施，致使引水渠冲淘严重，黄杨闸上游的东岸发生决口，将草闸的木板间冲毁。虽用大型埽棒抢复，但引水渠口部已被冲成黄河套壕，造成土地流失。

民国三十四年（1945年），黄河主流移至原黄土拉亥河口处，故黄土拉亥河改由旧口引水。杨家河、乌拉河因难以容纳引水渠的水量，遂利用高信信圪旦南原决口套壕泄洪。上述变更引发一连串连锁反应：杨家河口遂下退到高信信圪旦引水，渠身严重破坏，上游宽达五六十米，个别段落宽达百米，每年汛期均决口30次以上，给两岸垦民造成深重灾难。

民国三十六年（1947年），大沙沟决口，淹没青苗200余亩，淹死1人，民房倒塌多间。此类悲剧在新中国成立前屡见不鲜。

三、新中国成立后杨家河的发展建设

新中国成立后，在党和政府的坚强领导下，杨家河开启了波澜壮阔的发展建设篇章，历经三次历史性跨越与五次大规模水利建设，从根本上改变了河套地区的水利格局与发展面貌。1952年，解放闸的建成成为杨家河发展的关键转折点。自此，杨家河干渠改由解放闸引水，这一举措彻底解决了自流引水节制问题，为杨家河的灌溉体系奠定了坚实基础，灌溉条件得到显著改善，为后续农业发展创造了有利条件。

1954—1957年，解放闸灌域管理局对渠道布局进行了系统调整，采用"并口不并梢、开挖边渠、上接水源"的创新办法，合并直口小渠235条。通过这一改造，渠道布局更加科学合理，灌溉效率大幅提升，灌溉条件不断优化，杨家河的水资源得到更高效的利用，为农业增产提供了有力保障。

1966年后，杨家河曾短时间内改称人民渠。但无论名称如何变化，杨家河作为河套地区重要水利设施的地位始终未变，它依旧承载着河套人民对美好生活的向往，持续为当地的农业生产和经济发展贡献力量。

1999年杨家河干渠进行了一期治理工程，进一步加固了重点险工段的护岸，维修了闸门启闭机等关键设施，至此，杨家河的水患得到根治，灌溉功能充分发挥，确保了全灌域土地的有效灌溉。

自2000年以来，杨家河干渠全长58公里，正常流量达到48立方米每秒，控制面积991268.4亩，实际灌溉面积达到691495.5亩。

2017年，杨家河迎来开挖建设100周年，百年庆典活动在黄河水利文化博物馆隆重举行，社会各界和杨家后人齐聚一堂，共同缅怀前辈们的丰功伟绩。2021年，杨家第六代后人张荣霞和丈夫魏征港，在杭锦后旗博物馆广场为开挖杨家河的先辈立"百年流淌杨家河"石碑，铭记杨家三代率众开挖杨家河、惠及一方百姓的历史创举。

2022年，杭锦后旗推行"引黄滴灌"高效节水灌溉试点黄河流域水资源集约利用示范项目，涉及头道桥镇联丰村、三道桥镇和平村等区域，引黄滴灌面积0.6万亩。引黄滴灌以杨家河干渠为蓄水池，水期长，能够满足农作物生育期的适时用水，用水保证率可以达到98%以上，极大改善了农业生产条件，达到了深度节水、农业增产、农民增收的良好效果。

新中国成立以来，作为河套灌区十三大干渠之一，杨家河在多个领域持续发挥着不可替代的重要作用。在农业灌溉领域，它是推动区域从游牧文明向农耕文明转型的关键力量。引黄灌溉让河套地区的农业生产发生了翻天覆地的变化，灌溉面积从1931年的18万亩扩展至如今的65万亩。丰沛的水资源不仅极大地改善了农业生产条件，更使农作物产量与质量显著提升，为农民增收提供了坚实基础。在生态环境领域，杨家河犹如一条横亘在河套西部的"绿色动脉"，两岸绵延的林带构筑起生态屏障，有效遏制了乌兰布和沙漠东侵趋势，维系了灌区生态平衡，为居民营造出绿意盎然的宜居环境。从社会经济效益层面来看，杨家河的建设历史吸引了大批移民投身河套开发，他们以智慧与汗水推动了区域人口增长与农业拓荒。如今，杨家河镇通过发展高效特色产业、延伸产业链条及推广大棚蔬菜种植等现代农业模式，持续激发产业活力，促进群众增收致富。在文化传承方面，杨家河铭刻着杨氏家族数代人"愚公移山"式的治水史诗，并成为激励后人的精神丰碑。作为河套近代水利开发的标志性工程，杨家河见证了区域社会转型历程，其蕴含的治水智慧与历史记忆，已然升华为河套文化遗产的重要组成部分。

　　时至今日，杨家河依然是内蒙古自治区巴彦淖尔市重要的水利设施。经过多次改造和扩建，其灌溉条件显著改善，灌域内的渠、沟、路、林、田完善配套，节水改造灌排配套工程成效显著。特别是党的十八大以来，杨家河干渠在现代化、科技信息化建设方面不断迈进，正逐步成为人水和谐、绿色生态、信息智能、文化魅力的典范，为国家粮食安全战略、国家惠民工程等新时代新任务贡献着强大力量，继续谱写着属于自己的辉煌篇章。

黄 济 渠

刘 丹

黄济渠,作为河套地区水利发展史上浓墨重彩的一笔,静静地见证着时代的变迁。它坐落于内蒙古自治区杭锦后旗境内,是河套西部地区原南北河之间一条重要的天然支流,原名黄土拉亥河。清同治十二年(1873年),陕西府谷商人杨廷栋与黄土拉亥河上游杭锦旗领主商榷,用水租银疏浚后成为引黄渠道。

一、清代黄济渠的形成与发展

黄济渠原名"黄土拉亥河",根据《临河县志》记载:"黄土拉亥河全部地,归隶达拉特旗,渠原有黄土脑包一座,蒙人呼脑包亦曰拉亥,故以此名渠"。

该渠利用天然河道段落过多,弯曲过大,渠道进水有些不畅,每年总有一些淤积。至民国三十一年(1942年),把渠口暂接到杨家河上实行多口引水,从此黄土拉亥河改叫黄济渠,成为十大干渠之一。

清同治十二年(1873年),陕西府谷商人杨廷栋因其祖先曾在蛮会、大发公一带经营生意,便租得黄土拉亥河下游达拉特旗部分土地,就近引河水灌溉。后与辖治黄土拉亥河上游的杭锦旗王爷商妥,把黄土拉亥河加以疏浚,争取多引水,每年向该旗交纳水租银200两。由于水套上段约有30公里较宽且深,故从鸭子兔一带开始加背疏浚。后因水套引水口经常变换位置,八岱一带风沙淤渠,屡修屡废,故杨商难以为继而家业衰败,渠道失修,渠地被洪水淹没。

清光绪十年(1884年),杨廷栋之孙杨增祥要求包租土地,因清政府禁垦令未废,官府刁难敲诈。时值外国教士经常包揽诉讼,杨增祥便利用教士势力和官府打了一场官司。诉讼虽然未败,但官府将杨氏包地的一部分转租于教士。教士为经营包租土地,在玉隆永、大发公设立了天主教堂。杨增祥继母杨三寡妇对天主堂的霸道行为极为不满,想讨个公道。终因朝廷软弱无能,官府崇洋媚外、教士专横,杨三寡妇与其斗争始终难以得手。

清光绪二十六年(1900年),义和团运动波及此地。杨三寡妇借机联络达拉特旗蒙古族爱国士兵捣毁玉隆永、大发公教堂,杀死教士及媚外不法教民数人,酿成教案。事后,清政府强令达拉特旗向教会赔款37万两白银。达拉特旗变卖房产凑现银10万两,又以牲畜抵银13万两,尚差"赔"银14万两。

清光绪三十年(1904年),在教会的威逼下,达拉特旗将黄土拉亥河土地2000多顷按教会的苛刻条件"折算"成1400顷,以每亩地抵银一两"赔"给了教会。

清光绪三十二年(1906年),教会出资整修了黄土拉亥河,开挖了上蛮会支渠及其配套子渠。原黄土拉亥河灌域的上蛮会复元地，下蛮会刘万寿地、大发公一带土地及杨商乌兰布和至玉隆永、大盛西等处的土地得以灌溉，面积达三四百顷。此后教会以出租土地引诱和要挟民众信教。当地贫苦农牧民出于无奈，只得违心地信了"天主"。

二、中华民国时期黄济渠发展进步

自清末教案以来，黄土拉亥河附近的土地被教会霸占，教会对黄土拉亥河进行了一些投资。

民国三年（1914年），教堂开挖了下蛮会西支渠和玉隆永支渠；民国四年（1915年），利用原黄土拉亥河向乌加河退水的沟壕开挖了大发公支渠。民国五至六年（1916—1917年），地商广义永等开挖支渠3条。民国七年（1918年），比利时籍神父邓德超出资10万元开挖了沙壕支渠；义成全、柴油房开挖支渠4条。民国八年（1919年），天主教会开挖了园子支渠，武三开挖了武三支渠。民国十年（1921年），教堂将转租杨家河水浇地获取的利息白银5万多两用于再投资，将黄土拉亥河的天然渠口从黄羊木头移接到保登图下湾的二万圪旦西南，开挖生工5公里，宽约15米，深2米，并将大发公渠口以下渠身劈宽到8米，经李锡九湾、刘巨海卜、召圪旦送入乌加河退水。民国十一年（1922年），支出工程费10万余元，使部分配套工程竣工。至此、在尽量利用天然沟壕疏浚改建而成的黄土拉亥河基本成型。

民国十二年至十五年（1923—1926年），佃户集资开挖了西三大股渠（即今大南渠等）19条灌渠。民国十五年（1926年），在冯玉祥将军的支持下，将黄土拉亥河灌域"赔款"的土地收回，结束了殖民主义占领。此时，黄土拉亥河全长60公里，灌溉面积达1000多顷。民国十七年（1928年），地方水利部门对黄土拉亥河进行了大规模整修，整修中贸然将渠道上游劈宽6丈，时值黄河水涨，下游难以容纳水量，结果决口数十处，淹没耕地20余顷，给垦民造成重大损失。

民国二十二年（1933年），黄土拉亥河决口，大发公至玉隆永10多里一片汪洋，仅渠西、渠东两处决口就淹没青苗6万余亩。

民国二十八年（1939年），东北难民在鸭子兔建立新村后，开挖了鸭子兔支渠。至此，黄土拉亥河共有支渠50条，子渠298条，灌溉面积扩大到20万亩。为了便于灌溉，在黄土拉亥河上共筑八岱、鸭子兔、园子渠口、西渠口、上蛮会马家圪旦、大发公渠口、巨合齐、李锡九湾、刘巨海卜等9个土坝。因每次放坝后坝土随水下冲淤积，加之管水人不通业务，严重渎职，致使渠道淤塞，造成部分渠道移位，渠口南移。

民国二十八年（1939年），著名爱国将领、绥远省主席兼35军军长、国民党军队第八战区副司令长官傅作义，率35军及绥远省党政机关进入河套后驻陕坝。陕坝在1939—1945年成为绥远省临时省会，是整个绥远省的政治、经济、文化、军事中心，故将陕坝镇改建为陕坝市。此时，全河套地区仅为20多万人，就要养活傅作义的35军、新编暂5军及绥远省的党政机关职员共计10万人，这是一个极其沉重的负担。为了筹措军需和机关职员的庞大费用，傅作义在河套实行了"治军与治水并举"的方针，指派军队参与了许多水利工程建设，促进了河套经济的发展，为养活军队进行抗日战争，并于1940年4月取得驰名中外的"五原大捷"的胜利提供了物质保障，这是河套水利事业在抗日战争中作出的特殊贡献。

民国二十九年（1940年），因黄土拉亥河进水不畅，灌域土地严重干旱。民国三十年（1941年），从杨家河上又开一条黄土拉亥河新渠口，实行多口引水。工程由副司令长官傅作义派军队2000多人承担土方开挖任务，共挖土方31万立方米，在接口处修建大型草闸1座，谓之"黄杨闸"，这里值得一提的是草闸为吸取群众经验设计而成，又在实践中定型。草闸的闸底部分均由埽棒组成，顺水方向排列。埽辊直径1.5米，长约10米，两辊端顺水流方向搭接。在接头处压以粗木料，木料两端伸入闸墙，用闸墙压实固定。两接头横木间加添加劲横木，形成埽辊闸底。闸底为天然土基，未做处理。草闸闸墙及上下游翼墙亦均用埽工修筑。施工方法是用埽绳平铺，埽绳上压以土料及埽料，每层约高1米，再将埽绳绕回，继续铺设第二层，直至墙顶。在闸口顶端及底部均设有专门横木，以供关闸之用。埽料以当地黄河滩野生植物红柳及白茨为主。

新渠口使用后，除补足黄土拉亥河用水外，还可以调剂民兴渠和三大股渠的流量，故二渠正式并入黄土拉亥河水系，成为黄土拉亥河干渠的支渠。黄土拉亥河、杨家河接口工程完工后，当年新增灌溉面积10万亩，还起到了调剂流量的重要作用，减少了杨家河下游溃决淹地之患，故将黄土拉亥河更名为黄济渠。后因没有必要，黄济渠的原渠口停止使用，但仍然保留，必要时还可以双口引水。

民国三十二年（1943年），修建了园子渠口、西渠口和大发公渠口，合并了民兴渠、清惠渠和东三大股渠的渠口，直接从黄济渠引水，灌溉面积扩大到40万亩。民国三十四年（1945年），因黄河变迁，黄济渠从杨家河上引水有困难，又将黄济渠引水口移到二圪旦的旧渠口从黄河直接引水。

三、新中国成立后黄济渠的改建与升级

1951年，党和人民政府发动民工对黄济渠实施了大规模的清淤工程，完成土方72586立方米，保证了农田的适时灌溉。1952年，灌域第一座现代化分水枢纽工程——解放闸建成放水后，黄济渠利用此闸引水，大大改善了引水效益，有效而便捷地节制了流量，成为改善灌溉条件的重要转折。是年，在黄济渠完成清淤土方111051立方米。

1954—1955年，一方面对黄济渠进行了规模较大的清淤工程，完成土方323747立方米；另一方面采取"开挖边渠，上接水源，并口不并梢"的办法对黄济渠渠系进行了改造，减少了直接从干渠上开口的小渠口，更加便于治理和管理。1956年，投资14268元在干渠石闸下构筑透水坝27个，维修透水坝27个；在干渠东岸，从东三大股渠口至狼山县白脑包村新建透水闸779个，吊墩子2个，共完成土方48838立方米。

1957年，因包兰铁路经过黄济渠灌域，故由铁路部门投资100941元进行了干渠改线工程。该工程共完成土方127480立方米。1960年，总干渠竣工后，黄济渠开始由总干渠引水。翌年，黄河三盛公拦河闸建成后，总干渠水量得到有效控制。解放闸成为总干渠的第一节制闸。因总干渠水位高，流入黄济渠的水落差大，致使干渠冲淘严重，险象环生。为了保证正常灌溉，投资158487元实施了抢险加固工程。

1962—1963年，投资140105元对黄济渠进行了规模较大的清淤加背工程和水闸维修工程，完成土方14.8万立方米。1964—

1965年，投资135774元对黄济渠实施了口闸转渠、口部洗底加背、汛期护岸、西渠分干渠改建、险工段加固护岸等工程。1966年，黄济渠更名为红卫渠。1967年，投资41.5万元在黄济渠上实施了四大工程：在干渠21＋200处建成浆砌石一闸；在干渠30＋600处建成浆砌石二闸；在干渠65＋300处建成浆砌石跨越总排干沟渡槽；在干渠一闸至二闸间裁弯取直渠道10公里。四大工程共动用钢材57.6吨、砂石料6800米、土方501214方米，完成钢筋混凝土912立方米、混凝土350立方米、浆砌石2567、干砌石878立方米。

1968年，投资22538元在黄济渠48＋200处建成浆砌石三闸，并裁弯取直了部分渠道，动用钢材6.4吨，水泥180吨、砂石料1789立方米、土方34400立方米，完成钢筋混凝土196立方米、浆砌石976立方米。1969年，投资2.45万元在黄济渠68＋300处建成浆砌石四闸，动用钢材2吨、水泥62吨、砂石料756立方米、土方11313立方米，完成钢筋混凝土91立方米、浆砌石392立方米。1970年，投资35853元实施了黄济渠在乌加河以北渠段的两项配套工程，动用钢材6.4吨、水泥109.9吨、砂石料1171.5立方米、土方39079立方米。

1972年，投资11.9万元用于黄济渠裁弯取直、黄济渠正梢改建、护坡加固、清淤、养护等工程建设，动用钢材2吨、水泥52吨、砂石料758.3吨、土方265344立方米。1973年，投资73.1万元实施了黄济渠上游裁弯取直、黄济渠正梢改建以及渠系配套、农田配套等工程，动用钢材61吨、水泥1769.7吨、砂石料17085立方米、土方286120立方米。1974年，投资88428元进行了黄济渠改造工程，新建了钢筋混凝土结构的柴脑包闸和金星闸，动用钢材11吨、水泥144.6吨、砂石料1148立方米、土方4500立方米，完成钢筋混凝土143.5立方米、浆砌石445立方米。

1975年8月4日，因暴雨山洪暴发，黄济渠四闸正梢以下干渠决口36处，淤平渠道2.4公里，冲坏口闸16座，水利设施遭受严重破坏。灾后开展了水毁工程修复工作。是年，投资39468元实施了黄济渠正梢尾留工程、干渠西侧截渗沟工程和险工段加固工程等，动用钢材2吨、水泥41吨、砂石料321立方米、土方50827立方米，完成混凝土10立方米、浆砌石164立方米、干砌石127立方米。1987年，投资4.1万元对黄济渠一闸进行了加固，动用钢材5.4吨、水泥19吨、砂石料78立方米，完成混凝土15立方米。1989年，投资27220元更换了黄济渠二闸的启闭机，并对二闸进行了维修，动用水泥10吨、砂石料30立方米、铁板28块。

1991年，投资3.7万元，更换了黄济渠三闸启闭机5台，对干渠三闸下实施了清淤护岸工程，动用水泥8.5吨、砂石料93立方米、土方20600立方米，完成混凝土3立方米、浆砌石45立方米。1992年，投资5.7万元对黄济渠一闸下砌面进行维修，对于渠二闸实施了清淤工程，动用水泥8.5吨、砂石料299.1立方米、土方2.4万立方米，完成混凝土4立方米、干砌石267立方米。1995年，黄济渠整治工程由内蒙古自治区水利厅验收合格。黄济渠整治工程包括渠道裁弯取正、宽处缩窄断面和弯道护砌控导工程等。具体施工任务包括：从干渠上游4＋000～15＋100处长11公里的土方开挖，共完成土方77.5万立方米；在干渠4＋600～6＋200、9＋000～9＋500、13＋300～14＋300等三处缩窄断面，完成钢筋混凝土278.5立方米；在干渠有弯道的八岱桥弯道、王套弯道、人民渠口弯道等处实施了护砌工程，完成浆砌石墩48个、浆砌石网格330米、干砌石铅丝笼2184米、浆砌石928.5立方米。上述整治工程总投资1841241元。

1996年，投资7.27万元实施了黄济渠王套弯护岸、四闸下水毁工程修复、干渠口部护岸、一闸人民渠口部吊墩、一闸下东侧护岸、干渠陕坝至临河公路桥上下护岸、三闸下大弯治理、三闸上联丰二社处护岸等工程，动用钢材1.7吨、水泥24吨、砂石料257立方米、土方3555立方米，完成混凝土52.2立方米、浆砌石33.5立方米、干砌石36立方米、砂垫层39.5立方米、吊墩子15个、做透水坝40个。1997年，投资15.34万元进行了吊墩子、做透水坝、水闸治理、护岸、险工段加固、弯道整治等工程，动用钢材0.15吨、水泥2.5吨、砂石料707立方米、土方1046立方米、完成浆砌石53立方米、吊墩子12个、透水坝6个。

1998年，投资1121993元实施了多项工程，包括在八岱桥下至人民渠口西岸做透水坝40个，吊墩子60个；对干渠二闸下消力坝进行了维修；在干渠红星桥下吊墩护岸；对干渠一闸进行了改建治理；安装铸铁闸门54套；对干渠二闸进行了维修；对干渠上游部分段落吊墩护岸；对干渠下巨和桥至民生渠段、三闸民治桥至二道渠段、五大股渠至四闸段、下游至大发公渠段等处加固护岸；对四闸后八字、三闸消力池、三闸后八字、大发公分干渠口闸等处改建维修等，动用钢材2.1吨、水泥62.1吨、砂石料69.5立方米、土方89760立方米．完成混凝土175.6立方米、浆砌石719.2立方米、干砌石70立方米。1999年，投资22.08万元实施了对黄济渠部分段落的加背及对部分建筑物的翻修工程，并把干渠二闸改建为电动启闭，大大方便了操作使用，显著提高了工效。

2000年，投资76.22万元对黄济渠上游进行了整治，主要工程包括一闸处护岸、二闸维修、三闸上下部分段落加背、四闸处吊墩加背及清淤、干渠险工段加固、四闸更换铸铁闸门等，动用钢材4吨、水泥10吨、砂石料500立方米、土方205110立方米，完成混凝土6立方米、干砌石400立方米。

经过劳动人民的多年治理，特别是新中国成立后，在党和人民政府的正确领导下经过许多年不断的整治，昔日的天然壕沟已面目全非，旱年受旱、汛期举目汪洋的深重灾难已经一去不复返。今日的黄济渠已通畅驯服，水随人愿，正用母亲河的乳汁浇灌着现代文明的绚丽花朵。

截至目前，黄济干渠全长68.13公里，总控制面积119.39万亩，现有引黄灌溉面积74.62万亩，占解放闸灌域总面积的40%，近年年均引黄用水量在5亿立方米左右。黄济干渠不仅承担引黄灌溉，还为黄河分凌和乌梁素海进行生态补水，全年行水天数230天。黄济渠口闸至二十五里桥由黄济渠管理所管辖，二十五里桥至黄济六闸（原黄济四闸）由大发公渠管理所管辖。黄济干渠灌域有公管直口渠303条，生产桥30座；人行桥6座；有干渠节制闸6座，泄水闸1座，干渠渡槽1座；有分干渠7条，节制闸25座，分干渠渡槽2座总长160.8公里。

目前黄济干渠全长68.13公里，已衬砌26.235km，衬砌率达38%。黄济渠是河套灌区的重要灌溉渠道，它主要用于农业灌溉，把黄河水引入渠道后输送到周边农田，保证农作物有充足的水源，对提高河套地区的粮食产量起到了关键作用；而且可以调节农田的水分供应，稳定农业生产环境。在生态方面，黄济渠的水能够补充周边的生态水域，有利于维持区域生态平衡，为众多水生生物提供栖息地，对保护生物多样性有积极意义。在社会经济领域，黄济渠保障了农业丰收，推动了农产品加工等相关产业发展，带动了当地的经济增长和社会稳定。同时它也承载着河套地区悠久的水利文化和农耕文化历史，见证了当地人民开发利用黄河水资源、发展农业生产的智慧和勤劳，是地域文化传承和发展的重要载体。

四、园子渠码头的演变

园子渠，旧名韩巴图渠，是黄济渠下游的支渠之一，民国八年（1919年）由走西口移民开挖，始为浇灌城郊菜园而得名园子渠。当时河面开阔，水流丰沛，独具慧眼的晋商发现了它的功能。园子渠水旱码头的贸易在清朝光绪年间已成雏形，1939—1950年发展到鼎盛时期，从陕、甘、宁、绥远、包头等地到河套的船只络绎不绝，舟帆林立，运来的商品包括木材、水烟、皮毛、药材、瓷器、煤炭、布匹等，运出的商品主要是粮、油、马、牛、羊肉等土特产，停泊船只达到二三百只，年吞吐货物量约达3万吨，曾经流传一首民谣：大船条条到码头，天下物资到陕坝；黄河向北水旱路，商家云集富后套……

据《杭锦后旗志》记载，清末民初，后套地区渠道纵横，船筏水运，随之兴起。其中黄济渠中游的园子渠成为后套地区的水运码头，每年在清明后至冬至前的7个月左右通航。抗日战争时，陕坝成为绥西重镇，园子渠水运日益繁荣，每至通航季节，舟楫林立，停泊船只达二三百只，东到包头，西至银川，对物资交流起到很大作用。

1950年，园子渠码头由私人船入股，在陕坝成立了船业工会，其时园子渠码头拥有大小船只240余只，往来于宁夏、包头之间。1952年，绥远省成立了船运局，并在陕坝成立船运管理站，将部分私人船只编成船社，维持东西水运。

1954年，从黄河引流经过临河黄羊木头进入陕坝园子渠的主要航道，由于解放闸的修建，大船不能通过，水运受到极大限制。1958年包兰铁路通往杭锦后旗，铁路运输和公路运输逐步取代了水运。至1962年，园子渠的水运行业彻底结束。

园子渠码头见证了河套地区水运交通的发展历程，从民国八年开挖到 20 世纪 30、40 年代成为河套第一码头，直至后来因公路、铁路运输兴起而衰落，反映了时代变迁对交通方式的影响。

作为曾经的物资集散中心，园子渠码头见证了地区间的贸易往来和经济交流，当时大量的木料、煤炭、盐碱等物资运入，粮食、皮毛、药材等运出，促进了河套地区经济的繁荣。

码头文化是园子渠地域文化的重要组成部分，其形成的独特文化氛围和传统，如人们的生活方式、风俗习惯、语言等，都成为地域文化的鲜明标识，承载着当地居民的历史记忆和情感认同。

每年农历七月十五的唱大戏、放河灯等文化活动，是当地传统习俗的重要体现，为地域文化的传承和延续提供了载体，增强了地域文化的凝聚力和影响力。

2022 年 7 月，杭锦后旗旗政府投资 100 余万元以雕塑形式重建园子渠水旱码头，重建后的园子渠水旱码头成为陕坝镇的历史文化旅游景点，其复古的建筑风格、雕塑展示等，为游客提供了直观了解当地历史文化的窗口，吸引着众多游客前来观光游览，推动了当地旅游业的发展。

园子渠码头与陕坝农业公园的水美乡村示范工程相互融合，丰富了旅游资源的种类和内涵，为游客提供了更具文化底蕴和自然美感的旅游体验。

码头的建筑风格和布局具有独特的艺术魅力，如松木复建的码头门楼、仿古船、货物仓库等，展现了传统建筑工艺和艺术风格，给人以美的享受。

以铁艺雕塑展现的拉运货物人、马车等艺术展示墙，以及人物小品等，通过艺术形式再现了码头的繁荣景象，具有较高的艺术审美价值，为城市增添了文化艺术氛围。

永 济 渠

曹 冲

永济渠位于内蒙古自治区巴彦淖尔市临河区永济灌域，原名缠金渠，又叫蟾井渠，是河套最早开挖的人工渠。清道光五年（1825年），由包头商人甄玉、魏羊（陕西府谷人）开挖。清光绪三十年（1904年），缠金渠改名为永济渠。永济渠长49.4公里，流经临河八岱乡、城关乡、小召乡、长胜乡、狼山乡、新华乡到三闸，是河套灌区十三条干渠之一。2019年永济渠与河套灌区其他古渠一同入选世界灌溉工程遗产名录，是河套地区的重要文化遗产。

一、缠金渠称谓的由来

缠金渠因地而得名。缠金原为临河以西以北地名，按《中国历史地图集》标定的位置，约在今内蒙古自治区巴彦淖尔市临河区新华镇、狼山镇中间一带，正是永济渠所流经之处。早在清代，整个临河以西的地方都叫缠金。据说，甘肃等地汉人初到此处时，掘井汲水，见有蛤蟆浮于水，他们称蛤蟆为蟾，故呼其村落为蟾井。那里的农民很长时间还沿袭在掘井时，将白酒若干倒入井内。言醉蟾令死，以去其恶，以后为取佳意，遂将蟾井转音为缠金，意即此后可望"腰缠万金"。渠开于此，故沿此名。

至今河套每掘新井取水时，先将白酒倒入井内若干，言醉蝉令死，因而成习。

在王文景的《后套水利沿革》中记载：永济渠原名缠金渠，又有名之为蟾井渠者，揆其蟾金之名，或因渠水萦缠似金碧色而得之；而蟾井之名或谓昔时掘井得蟾名。其地后浚渠灌溉，此地因而名其渠。又有谓缠金为蒙古地名，传说不一。但缠金之名，今仍袭称，似可证明该渠原系因地而名，或无疑义。

民国《临河县志》中记载：永济渠为河套各渠之冠，又名缠金渠。何以曰缠金，或因渠水漾缠作金碧色，象形而名之欤？或谓渠水宝贵，价重兼金，取义而名之欤？抑因蒙旗地名。

1902年，清政府为解救财政危机，掠夺押荒银粮，派兵部左侍郎贻古为钦差，到绥远督办垦务，贻谷到任后，强行整合地方垦务机构，将附近的永州垦务局纳入管辖体系；同时采取强制措施，以劝导为名迫使地商将缠金渠收归官府所有，并更名为永济渠。

二、永济渠的起源和发展

临河境内有一条天然黄河岔流，名叫刚目河，也叫刚毛河或刚卯河，自临河马道桥西南方向黄河上开口，经张家庙北流向丰济渠中下游，后续永济渠、刚济渠与丰济渠的开挖均利用了这条刚目河的不同河段。据《绥远河套治要》载："清咸丰年间，由商人贺清集资开挖刚目河，自黄河开口，至乌聂古琴出梢直达达拉特旗之察汗淖、秃龙盖等处。"

清嘉庆年间（1796－1820年），以包头为基地的商人经常来这一带做蒙古生意，受到西边乌拉河阿拉善王爷地开辟"公主菜园地"的影响，这些商人利用附近河道洪水漫灌后淤积的肥沃土地，临时种植庄稼和蔬菜，大受其益。其中商人甄玉、魏羊（陕西府谷人）与达拉特旗"郡王交善"，便资助郡王打官司争夺有争议的王位，并取得胜利。清道光初年（1821年），郡王袭爵位，为酬谢"保驾"之功，特准甄、魏二人开垦刚目河一带土地。甄玉、魏羊的商号分别为"永盛兴"和"锦永和"，财源日广，开地日多。

清道光五年（1825年），鉴于刚目河水浇灌不足，甄玉、魏羊共同筹资在刚目河口黄河上游另开新口并开挖一段输水渠道，下接一段刚目河，全渠长约25公里，口宽约一丈。因灌溉田地主要是时称缠金地的土地，故取名缠金渠。

清道光八年（1828年），清政府开放缠金地，于是，来此租地垦荒的地商日渐增多。清道光至咸丰年间，来缠金地垦荒的商号48家，各开地数十顷到数百顷不等。因缠金渠浇地水量不够，甄玉、魏羊联合聚源长、崇发公、景太德、祥太裕等48家商号，按地亩分担扩建渠道费用。整修后的缠金河渠口拓宽为5丈，渠长达到70多公里，每年灌地三四千顷，收粮数十万石。

至清同治元年（1862年），除48家外，又有协成、祥太魁商号及贺、李、赵等8家入股，继续联合开挖整修缠金渠。缠金灌域开渠开地呈欣欣向荣之势，与之前和随后相比，被称为缠金渠的"全盛时代"。

清同治末年（1874年），西北回民起义失败，马化龙残部中的

21户及下属数百家逃到临河北部狼山下,到处抢劫运粮船只,使农事和渠工均有荒废。待左宗棠部镇压回民起义回归途中,休兵缠金渠附近,"不三年,悉索粮赋,搜括殆尽"(民国《临河县志》),加之各地商亦争地争水,屡屡械斗劫夺,致使不少地商和农户相继外逃,缠金渠亦由"决决巨澜变为涓涓细流矣"(民国《临河县志》)。此时,河套开发的重点转移到了东部,地商郭有元、郭修敏父子及王同春(地商,河北邢台人,后套水利的主要开发者之一)等相继崛起,大量开地开渠,方兴未艾。这就是缠金渠开挖最早却又一度落后于东部的原因。

清光绪三十年(1904年),督办蒙旗垦务钦差大臣贻谷督办后套垦务,八大干渠收归官有。鉴于缠金渠严重荒废,贻谷指派垦务帮办周晋熙约请王同春对该渠进行勘测。王同春自黄河北岸秀华堂渡口起至强油房(今临河旧城),往返巡视月余,拟定将缠金渠口上移,重开新口。经德和泉、强油房而送入北沙梁之沙海,以增大坡度,再开挖穿断旧刚目河,仍入旧缠金渠。同时将缠金渠劈宽挖深,经二喜渡口、公中庙等处接入乌加河。干渠以下开挖整修的支渠有6条,即乐字渠(西乐渠)、兰字渠(永兰渠)、永字渠(西渠)、远字渠(中支渠)、流字渠(旧东渠)、长字渠(新东渠);另外,自二喜渡口向东又新开挖长约21公里退水1条。此后,缠金渠改名为永济渠。

民国二年(1913年)后永济渠改归商办,包租者为杨满仓、吴祥等。包商杨满仓之子杨茂林为人精细,善于总结治水经验亦被称为"水利专家",平日经营渠道,以培养花户为第一要义,谓"花户聚而后会始有力,花户富而后大工始不误"(民国《临河县志》)。花户即种地户或灌户,当时种地户流动性很大,所以吸收和固定起来的种地户越多,租地开渠的人就越多,垦务和水利就兴旺发达。地商们深知此理。杨氏承包期间，统筹全局，增开支渠，不时又浚修渠道，通渠梢，灌溉面积日益扩大，收益增多。此时又被称为永济渠的"中兴时代"。

民国七年（1918年）前后，承包商李兰亭、王子良经过修建一些工程，将永济渠之水向东北延伸浇到乌加河万和长、乌兰脑包等处土地，并经继荣棠由刘姓等人在同义隆北建大坝1座，将前后河分开，此为大干渠第一次和乌加河连接起来统一运用的开始。民国九年（1920年）至民国十二年（1923年），永济渠管理经历了灌田公社包办、汇源公司包办，后经绥远省政府收回，交由地方人包租。此时王同春联合五原和临河二县各士绅，组织以汇源公司名义承包，租期15年，分公司则由张君厚任经理，分公司设于公中庙。民国十三年（1924年），出资5万元，除将正梢整洗外，并将乐善渠修洗接挖；又自公中庙添和渠背整理后，不但永济渠无水淹之患，而且下游乌兰脑包，及安北境内之乌加河两岸之地亩万余顷，皆受其益。民国十四年（1925年），又收归官有。

民国十七年（1928年），绥远省建设厅厅长冯曦主持大力整理干渠，因刚济渠口淤澄，于第二年将此渠并入永济干渠作为支渠，扩大了永济渠的灌域。民国十八年（1929年），因渠道范围过广，一社难以管理，除成立总社外，并成立五分社，即：永刚，正梢，乐善堂，四分社，五分社。民国二十年（1931年）春，设永济渠水利总社。民国二十一年（1932年），阎锡山屯垦队在二喜渡口以下修挖百川堡渠（新华渠）和乐善堂渠，同时创建草闸1座。民国二十五年（1936年）在水济渠口建1座束水草闸，节制洪水颇有成效。渠上也开始建筑草木结构桥梁3座，便利交通。民国二十四年（1935年），建设厅鉴于水患害大，筹款8万元，除整理永济渠背及正梢外，并在乌梁素海以南，西山咀开挖退水1条，但坡度太小，难收大效。同年，又在渠口建筑闸箱，以资节制进水量，所以没有多余水量退入下游。民国三十二年（1943年），为解决绥西水利管理不完善的问题，绥远省政府相继组建成立了永济渠水利管理局、黄济渠水利管理局和复兴渠水利管理局，施行渠务管理，统收统支、统筹渠道维护等其他水利业务。

至此，永济渠的长度已达90多公里，面宽能行船，共开支渠55条，浇地6820顷，成为民国时期河套灌区最大的干渠。

新中国成立之初，永济管理局技工组长李好收通过调整引水角和开挖南北引水渠等技术创新，使永济渠实现了引水安全和水量保障。原来渠没有退水，到冬季进水闸关死，进水口就被沙淤了，或者由于黄河水冲淘改变了引水口角度，做了南北退水之后，冬季不用水时黄河水由引水口进来，又从退水流入黄河，解决了年年"捞引水口"的问题。流水期如进闸水不够用，就用跌坝棒的办法把退水口断面缩窄，使进水闸多进水。在引水口与黄河衔接处采用柴草跌坝棒的办法保持稳定，使之不能改变引水角。1953年，夏灌最枯水位时，黄河水量跌至50立方米每秒，而永济渠仍能引水20立方米每秒，当时不仅解决了永济渠的夏灌需水，黄济渠和丰济渠还从永济渠接水浇地，满足了夏灌的需求。

新中国成立以后，为适应农田建设发展需要，先后完成了一系列体系配套工程建设。1961年，永济渠改由总干渠46.7km处（即第二分水枢纽）引水，先后建成永济渠一、二、三分水闸。现干渠全长49.4km，最大引水流量为106立方米每秒，一般引水流量为93立方米每秒，控制灌溉面积183.4万亩，发展净灌溉面积，流量106立方米每秒。净灌溉面积146.71万亩，现灌溉面积128.94万亩，建有各类建筑物61座，下辖直口渠道49条。

三、永济渠的作用与效益

永济渠在漫长的发展过程中，不仅为临河区农牧业丰收、城市环境美化、地区经济增长发挥了积极作用，还在河套文化传承中作出了巨大贡献。

保障农业生产：横贯临河南北，灌溉面积达129.13万亩，覆盖临河区大部分农田，为农牧业丰收提供保障，促进当地农业从传统种养业向现代化三产融合转变。助力城市发展：开挖扩建过程中培育了临河人团结协作、勇于实践、技术创新的品质，完善的水利系统为城市发展提供支撑，提升了城市品位，完成了水系景观建设，助力临河成功申报二黄河国家水利风景区，带动了周边旅游业等相关产业的发展。节水成效显著：2024年永济灌域被评定为内蒙古自治区节水型灌区，在节水工程建设、工程设施运行与维护、计划用水与定额管理等方面取得显著成效，斗口以上渠道水利用系数、农田灌溉水有效利用系数和年节水能力稳步提升。优化水资源配置：管理部门根据黄河水情及灌区用水情况，以土地灌溉面积为分水依据，按比例将水分配至各灌域，各渠道做到定灌溉面积、定水量、定灌水时间，实现了水资源的科学调配，提高了水资源利用效率。传承河套文化：作为河套地区大规模水利建设的开端，永济渠见证了当地的历史变迁和发展，在河套文化传承中发挥了重要作用，承载着当地人民的治水智慧和团结协作精神。

永 兰 渠

乌亚哈娜

永兰渠位于内蒙古自治区巴彦淖尔市临河区，处于河套灌区永济灌域，是河套灌区48条分干渠之一。永兰渠开口于永济干渠一闸，全长23.8公里。永兰渠在河套灌区农业灌溉中作用关键，控制灌溉面积24.15万亩，现灌溉面积17.44万亩，为农作物生长提供水源，促进了当地农业发展，对改良土壤、调节区域小气候也起到积极作用。它见证了河套地区的农耕文明发展，承载着当地的历史文化记忆。

一、清代至中华民国时期永兰渠的发展历程

据《临河县志》记载："渠创于何代，建于何人，无官书，无碑碣，无百年世族，传闻异辞，莫可详考。兰锁渠以地名也。地为蒙地，袭其名，未通其义，无定字，亦无正音也。"到底为什么会

被命名为兰锁至今都无人知晓,且任何书籍都无从记载。永兰分干渠的前身系兰锁河渠。

清同治三年(1864年),地商王文祥始挖兰锁渠,在黄河北岸鸭子兔处开口,接天然壕沟。后来清光绪年间,阿拉善旗王爷聘请李振山弟兄到王府担任武术教练,并将20余顷的蒙地交给李振山经营。拥有大量土地后,李振山弟兄们急需开渠拓荒,于是李振山虚心拜访了众多水利专家,广泛收集意见和建议,经过多次实地试验、反复测量勘察,综合考量渠道的远近、地势的高低以及水流的顺逆等因素后,他投入大量资金,召集众多工人,接挖了兰锁渠,进行了分段疏浚和修建。

李振山是河北省枣强县李家行村人,绰号"李三垮子",也是李记"德和泉"的创始人。李家三兄弟青壮年时期曾前往中岳嵩山少林寺学习武术拳法,后来以保镖为职业。然而,在一次保镖途中,他的二弟不幸遇难,三弟李振海逃回原籍,此后李振山辗转来到河套地区。起初,他给当地大地主王同春当长工,后来通过结交蒙古贵族获得了一定的财产,开始承包转租购置大量土地,经营农牧业,同时还从事特产的购销生意,家业逐渐得以壮大,并在包头设立了商号,为李记"德和泉"的发展奠定了坚实基础。在旧政权时代,李振山开创家业的事迹,在后套地区来说,仅次于王同春。李记"德和泉"成为河套地区的一大势力。

清光绪二十八年(1902年),清廷任命兵部左侍郎贻谷为垦务大臣,到绥远专门办理蒙旗垦务。清光绪三十年(1904年),贻谷在河套灌区的垦务工作主要是将此前民间开发的渠道等进行整顿、归并和进一步开发。他对河套灌区的八大干渠进行了收归官办的举措,并对各渠道逐一整修,"塞者通之,浅者深之,短者长之,干者枝之。循河之故道,以畅来源,顺水之下游,以为泄处"。清光绪三十二年（1906年），政府出资对相关渠道进行续挖，直至完工。清宣统二年（1910年），李振山、李振海兄弟二人与兰锁子共同对兰锁渠进行了浚修。兰锁渠开口于黄河弯处，途经杜三邦、刘司务长牛犋、双喜圪旦、张家圪旦等地，最终到达许四地，全长约47公里。从渠口往下，渠正梢至乌兰脑包长30余里，宽55尺，深6～7尺。从乌兰脑包处分出两条分支，一条通向兰锁大柜，宽30尺，深6尺，长40余里；另一条通向丹达木头渠，宽30尺，深6尺，长30余里。对于渠道而言，上游适合将水流汇合，以便蓄积足够的水量；下游则适合分流，从而使水流能够顺畅地流淌到各个地方。

据民国三年（1914年）地面图资料记载，李三渡口到河筒子穿越沙丘有一小渠，为兰锁渠下段，它上接永济渠李三渡口，为永兰渠的上段。

民国二十四年（1935年）秋，因黄河水大，河套境内黄河决口和渠道决口极为严重，黄河泛滥，水向出岸，沿河土默特渠、天德元渠、张家渠、魏羊渠、兰锁渠……以北十里均被淹没。沿河旧堤坝，全部溃决，县城护城堤，亦被冲毁。

二、新中国成立以来永兰渠的发展历程

1965年，永兰分干渠口闸建成。同年，在永济渠头闸处，建钢筋混凝土口闸1座，原兰锁渠上游段改在合济渠一闸开口输水，称兰锁支渠；下段接永兰新渠口，称永兰分干渠，长23.8公里。1966年，新建永兰分干渠第二节制闸。1967年建成了永兰第四节制闸。1973年春，新建永兰分干渠第一节制闸。1969年，新建永兰分干渠第三、五节制闸。在规划渠线上，裁弯取直15公里，挖土方19

万立方米，土方贴补支出 9.6 万元，用工日 3.8 万个。1970 年，开挖扩建整修永兰分干渠。1977 年，重建永兰分干渠第三节制闸，投资 27969 元，完成土方 0.6 万立方米，砂石料 245 立方米，混凝土 85.8 立方米，用工日 4317 个。1978 年，新建永兰分干渠幸福支渠口闸，投资 12634 元，完成土方工程 2.5 万立方米，用工日 4500 个。

1980 年 11 月 7 日凌晨，永济干渠第一节制闸、永兰分干渠进水闸坍塌。11 月 8 日，巴彦淖尔盟水利局副局长白安盘主持召开紧急现场会。参加会议的有临河县委书记何俊士、县长杨乐山等，巴彦淖尔盟水利局有关部门、管理局、永济干渠管理段负责人参加会议。会议决定：由巴彦淖尔盟水利局、永济灌域管理局、临河县水利局、永济干渠管理段抽调工程技术人员和管理干部组成调查组，对失事的原因及责任进行调查。11 月中旬，调查组向巴彦淖尔盟水利局报告《永济干渠一闸塌陷原因调查报告》。11 月 21 日，巴彦淖尔盟人民检察院派两名检察干部对这一事故进行调查。

1981 年 3 月 16 日，巴彦淖尔盟人民检察院以巴检字（81）第 4 号文，向巴彦淖尔盟盟委报告《关于对永济一闸塌陷事故的调查报告》。报告认为，"永济一闸的塌陷事故是严重的，给国家造成重大经济损失。但因为技术条件所限，建议不再追究个人责任。应通过一闸的塌陷，认真总结经验教训，建立健全各项规章制度，加强技术管理，以防类似问题的发生。"1981 年，重建永兰分干渠进水闸。同年永兰分干渠口闸重建其渠道和节制闸。1985 年，改建永兰分干渠第二节制闸。1988 年，灌域排水工程由临河县水利局划归永济灌域管理局。1991 年，内蒙古河套灌区永济灌域管理局实行灌排工程分管，成立排水所，四排干管理段脱离永兰管理所，成立四排干管理所。1996 年，重建永兰分干渠第二节制闸闸机房，更新永兰分干渠第五节制闸启闭机，下设永兰渠第一、第二、第三管理段。

三、永兰渠的功能效益

永兰分干渠全长 23.8 公里，口引流量 20 立方米每秒，有节制闸 5 座，46 条直口渠，其中支渠 6 条，斗渠 12 条，农渠 20 条，毛渠 4 条。其口部设计流量为 18 立方米每秒，最大运行流量可达 20 立方米每秒。控制灌溉面积 24.15 万亩，现灌溉面积 17.44 万亩。永兰渠供水所位于永兰分干渠第二节制闸狼山镇幸福村三组，承担着临河区小召镇、丹达乡、建设乡、白脑包乡、城关乡的灌溉任务和水费计收任务。

永兰渠的渠口设计因地制宜，位于上游的渠口避免直接引流，引"倒漾水"；下游的渠口则加设引水坝；中间的渠口设于凹岸下游。这种设计能有效利用黄河水位和水流，保证引水量。渠道有一定的宽度和深度，分支也有相应的规格，可实现上游蓄水和下游分流。

新中国成立后，对永兰分干渠先后进行改线、裁弯、清淤等重要工程改造措施，大大改善了输水条件。20 世纪 50 年代，渠道用柴草吊墩子护岸，岸上进行植树造林。永兰分干渠输水能力 20.0 立方米每秒，在上级渠道桩号 15+000 处开口引水，灌溉面积农田 172073.6 亩，林果地 2314.9 亩，水域 3731.9 亩，村社 15708.8 亩，盐荒地 31619.7 亩，渠沟路 16015.8 亩，合计 241464.7 亩。永兰分干渠的支渠包括：富强支渠，长 6.4 公里，灌溉面积 1.24 万亩；幸福支渠，长 3.7 公里，灌溉面积 0.58 万亩；光明支渠，长 6.0 公里，灌溉面积 2.3 万亩；巴爱支渠，长 3.9 公里，灌溉面积

2.1万亩；巴丰支渠，长3.1公里，灌溉面积1.1万亩；梢支渠，长5.4公里，灌溉面积0.79万亩。以上支渠有口闸6座，节制闸10座，桥8座，斗渠口32座，总计灌溉面积10.8万亩。渠系共建闸17座，桥16座，水泥368吨，木材38立方米，钢材22吨。营造护岸林21公里，投资16.55万元。

永 刚 渠

杨 姝

永刚渠位于内蒙古自治区巴彦淖尔市临河区境内，处于河套灌区永济灌域，是河套灌区 48 条分干渠之一。永刚渠开口于永济渠第一节制闸，于 1970 年开挖成型，流经临河区的曙光乡、八一乡、乌兰图克镇，全长 37.1 公里，承担着区域农业灌溉、生态调节及城市发展的关键功能。作为河套灌区 48 条分干渠之一，永刚渠以其科学规划、高效运行和持续升级，成为当地水利工程的典范。

一、清代至中华民国时期永刚渠的发展历程

永刚渠经历了多次改名和改建。据史料记载，早在清朝时期，永刚渠所在地即为河套灌区的重要农业区，但当时的水利设施并不完善，灌溉困难。后来，在地方官员和民众的共同努力下，开渠引水，形成了早期的灌溉系统。随着历史的变迁，该渠道也经历了多

次改建和扩建，最终成为现在的永刚渠。

永刚渠，其前身为刚毛河，这条河流的诞生与黄河的变迁紧密相连。清朝时期，黄河南移，刚毛河作为一条天然汊流从黄河分出，彼时又称刚目河。清咸丰十一年（1861年），临河商人贺清开浚刚目渠。清同治三年（1864年），地商协成商号又进行开挖，后屡经整修，至清末初具规模，成为河套十大干渠之一。那时，刚济渠从黄河黄家壕渡口以上直接开口，经沙登，分为两支，一支入乌泥古庆，另一支流入达赖淖尔。其中又有两条支渠，一称永刚渠，另一称新永刚渠，分别从永济渠县城西北渠口引水，向东南注入刚济渠。

民国时期，刚济渠口久堙，只有永刚渠和新永刚渠尚可进水，但浇地无几。遂将刚济渠并入永济渠，作为支渠，仍由永刚渠从永济渠引水，下接旧刚济渠下游故道。此后，正式改称为永刚渠。据《河套调查报告书》载："刚目渠口在缠金渠口下六十里，其梢至祥泰魁而止，不入乌加河。计长七十里，在八大干渠中为最短。溉达旗永租地二百五十五顷。"

二、新中国成立后永刚渠的发展历程

新中国成立后，在中国共产党的正确领导下，永刚渠也开始了整修改建。从1966年开始，根据"六五"水利规划，在兴建干渠、分干渠时，永刚分干渠也同时得到改建。经过勘察设计，在建永济渠一闸时，永刚渠口闸也同时兴建。根据规划图记载，永刚渠对高四老虎至新马十八兔段（全长50000米）实施裁弯取直，消除1处大弯，完成土方量6.2万立方米，投入工日1.2万个，发放工日补贴 6000 元。

1973—1976 年，工程进入大规模改造阶段。通过四次分段施工，累计裁弯取直渠道 30 公里，缩短渠线长度 5 公里，期间消除 3 处重大弯道，新建输水闸 8 座。该阶段工程共完成土方量 27 万立方米，投入工日约 1 万个，实现年节约护岸材料（吊墩子、柴草等）约 10 万斤。改造后渠系末端位于乌兰图克镇东 300 米处，与新华渠东段实现顺畅衔接。此后，永刚渠的现代化改造持续深入，为适应农业发展新需求，灌域管理重心转向节水增效领域。

1995—2000 年，永济灌域全面推进节水灌溉工程建设，永刚渠以渠道衬砌为核心也实施系统性升级。其间，永刚分干渠 8.62 公里衬砌工程与隆胜节水示范工程同步展开，标志着渠道防渗技术进入多元化应用阶段。

永刚分干渠衬砌工程聚焦内蒙古临河区城关乡、八一乡段，对 0＋000～10＋345 段实施全线防渗处理。工程创新采用四种复合防渗技术方案：①在 0＋043～0＋743 段铺设 700 米复合土工膜，辅以 60 厘米厚土层护坡护底，验证新型材料适应性；②0＋743～1＋043 段采用 300 米纯聚乙烯膜全断面防渗，60 厘米厚土层护坡护底；③2＋500～7＋500 段，计 500 米，采用聚乙烯膜全断面防渗，混凝土预制板护坡，60 厘米厚土层护底；④7＋500～10＋345 段，计 2845 米，采用聚乙烯膜全断面防渗，用 150 号混凝土预制板护坡护底，构建全封闭防渗体系。工程累计完成衬砌 8.62 公里，完成混凝土 9979 立方米、土方 7.56 万立方米、防渗膜材 21.76 万立方米，总投资达 800 万元。1999 年 5 月通水后，渠道运行稳定，未发生结构性损坏，节水成效显著。数据显示，永刚二闸上游渠道水利用系数从 1998 年的 0.82 跃升至 1999 年的 0.965，按年引水量 9504 万立方米计算，年减少输水损失 1710 万立方米，相当于新增灌溉面积

2.3万亩。

同期开展的隆胜节水示范工程，作为河套灌区节水灌溉的先行试点，选址于临河区隆胜乡，处于永刚分干渠的西济支渠灌域，控制面积5.5万亩。该工程整合渠道防渗、井渠结合、量水测控等技术，构建起现代化灌排体系。核心建设内容包括：全渠道防渗网络建设，衬砌支渠1条，长9472米，斗渠7条，长228米，农渠74条，长62451米，形成"支-斗-农"三级密闭输水系统；新打机电井14眼，埋设低压管道3500米，购置喷灌设备6套，形成井灌区1100亩；新建及改造水工建筑物1293座，配置量水设备26套，实现精准配水计量。工程使灌区渠系水利用系数从0.62提升至0.913，田间水利用系数达0.92，亩均毛引水量由479立方米降至349立方米，亩均节水130立方米，预计年节约水费21万元，按30年使用周期测算，累计节水效益达2.75亿元。该示范区不仅验证了"渠井双控、精准灌溉"模式的可行性，更为河套灌区后续推广节水技术提供了可复制的"隆胜经验"。

此次改建工程显著提升了永刚渠的输水效率与防洪能力，通过科学裁弯缩短渠道里程，既减少水量渗漏损失，又降低日常维护成本，为河套灌区农业生产提供了更为稳定的水利保障，成为新中国成立后区域水利现代化的典型范例。

近年来随着农田水利事业的蓬勃发展，永刚渠作为永刚灌区的主要灌溉供水渠道，面临着灌溉用水需求不断增长的严峻挑战。为了切实满足农田的灌溉需求，内蒙古河套灌区水利发展中心永济分中心在"十四五"（2021—2025年）规划中精心谋划，确定了一系列具有前瞻性和针对性的工程建设计划，在此期间，永刚渠也积极推进多项改造工程。其中，永刚分干渠（14+780～28+808）段工程实现了全渠道衬砌，这一重大举措极大地提高了永刚渠系的输水能力，有效减少了输水过程中的渗漏损失，同时强化了岸坡的稳定性，为灌域的供水安全筑牢了坚实防线。2024 年 10 月 29 日，永刚渠渠道衬砌水下部分顺利完成，此次衬砌工程从永刚渠二闸下至东济节制闸，全长 4.427 公里。这一阶段性成果的取得标志着永刚渠改造工程又向前迈进了一大步，为后续工程的全面推进奠定了良好基础。

与此同时，为了彻底改变永刚渠河道周边的现状，提升区域生态环境质量，按照临河区政府的统一规划，永刚渠对水系两侧及周边进行了精心打造。一方面，大力推进生态修复工程，针对河道两岸的植被覆盖情况，种植了多种适应本地生长的树木、花草，不仅增加了绿化面积，还构建起多层次的植物群落，为鸟类、昆虫等生物提供了栖息和繁衍的场所，极大地丰富了区域生物多样性。另一方面，注重景观建设与人文元素的融合。打造了亲水平台、休闲步道等便民设施，让周边居民能够更亲近自然、享受自然。在步道两侧，巧妙设置了具有地方文化特色的景观小品、文化墙等，展示着当地的历史文化和民俗风情，使永刚渠水系两侧及周边不仅成为生态宜人的绿色空间，更成为传承和弘扬地域文化的重要载体。

如今，永刚渠全长 37.1 公里，犹如一条灵动的"水脉"，滋养着周边广袤的土地：西召支渠，长 13.5 公里，灌溉面积 1.5 万亩；东济支渠，长 12.5 公里，灌溉面积 2.3 万亩；新道支渠，长 12 公里，灌溉面积 2.7 万亩；东河子支渠，长 4.5 公里，灌溉面积 1.2 万亩，4 条支渠共有口闸 4 座，节制闸 14 座，桥 9 座。这些水利设施协同运作，精准调控水流，确保水资源得到合理分配与高效利用。此外，永刚渠的分干渠中还有西梢渠，长 9.5 公里，灌溉范围覆盖城关乡、长胜乡，为这两个乡镇的农业生产和居民生活提供了坚实的水利支撑。这些支渠与干渠相互配合，共同构建起一个完善的水利灌溉网络，不仅保障了区域农业的稳定发展，也促进了生态环境的持续改善，让永刚渠及其周边区域成为人与自然和谐共生的美好典范。

三、永刚渠的功能效益

"水利兴，则农业稳；农业稳，则天下安。"如今，永刚渠宛如一条灵动的生命脉络，深深扎根于这片土地，在农业发展和文化传承等诸多方面发挥着不可估量的功能效益。在农业灌溉领域，永刚渠作为本地区重要的灌溉渠道，承载着灌溉农田、保障农业生产的重任。它通过引水和输水，为周边农田提供了稳定的水源，确保了农作物的正常生长和丰收。

当然，永刚渠的深远意义，远不止于农业灌溉，作为河套灌区不可或缺的重要组成部分，永刚渠更承载着传承和弘扬河套文化的重大使命。河套文化，作为中国北方草原文化的一颗璀璨明珠，拥有着悠久的历史和深厚的底蕴，它见证了这片土地上无数先民的奋斗与辉煌。永刚渠的建设与运营，宛如一条坚韧的纽带，将河套文化的过去、现在与未来紧密相连。它让古老的治水智慧在现代社会中焕发出新的生机与活力，让河套文化在岁月的长河中得以延续和发展。如今，漫步在永刚渠畔，人们不仅能感受到水流的潺潺韵律，更能触摸到历史的厚重脉搏，领略到河套文化的独特魅力。

总之，永刚渠不仅仅是一条灌溉渠道，更是当地人民智慧与勤劳的伟大结晶，是水利文化和河套文化的重要载体。永刚渠以灌溉之功，滋养了广袤的农田，保障了农业的丰收；以文化之韵，传承了民族的精神，弘扬了地域的特色。在未来的岁月里，永刚渠必将继续奔腾不息，为这片土地带来更多的福祉，书写更加辉煌的篇章。

丰 济 渠

曹 冲

丰济渠位于内蒙古自治区巴彦淖尔市五原县境内的义长灌域，原名中和渠，又称天吉太渠，是河套灌区十三条主要干渠之一。渠道取水于总干渠第三节制闸，流经五原县天吉泰镇、丰裕办事处、塔尔湖镇、银定图镇、乌拉特中旗乌加河镇、德岭山镇，承担着五原县、乌拉特中旗6个乡镇及牧羊海1个农牧场的农业灌溉及生态补水任务。渠道最早开挖于清朝末年，此后逐渐发展，在不同历史时期皆发挥着重要作用。而作为河套灌区地商参与开挖的干渠之一，其发展历程与河套灌区的发展历程极具相似性，从某种程度上讲，丰济渠的发展历程就是河套灌区发展历程的真实写照。

一、清代中后期"丰济渠"的起源与形成

清末，中国正处在内忧外患的困境当中。一方面国内封建统治

腐朽不堪，社会矛盾尖锐；另一方面随着西方列强的入侵，中国逐渐沦为半殖民地半封建社会，地商经济开始产生，为获得高额利润，地商开始组织垦荒和开发水利。

至清道光年间，土地兼并现象愈加频发，很多自耕农破产，社会动荡，民不聊生。道光皇帝被迫"开禁"，吸引了大量"雁行人"走西口来到河套地区，为全面开发河套地区，垦荒挖渠提供了大量的劳动力。加之河套地区"河幅宽七百余丈，通舟楫，流势缓慢"，适合引黄河水开渠进行灌溉，清朝时期，黄河的南北河地理位置逐渐发生变化，受乌兰布和沙漠侵蚀，北河淤积断流，南河成为主流，从此河套自然条件发生变化，为开挖人工渠提供了便利。地商们利用河套天然的自然条件变化，开始组织大量民工，因势利导——"就河引灌"，开挖人工渠。在丰济渠开挖之前，就已先后开挖了永济、刚济、通济等渠，为丰济渠的开挖提供了有力的经验支撑。

清同治初年（1862年），甘肃人贺守明用36万两白银在祥泰魁开设"协成"字号，经营蒙古生意，由赵三鉴为经理。赵三鉴见刚目河漫溢之水，浸润低洼之处甚多，土壤肥沃，非常适合种植，于是将刚目河坐坝截断，待水干地出，耕种附近地亩，耕种十余年，获得厚利。到清同治末年（1874年），因刚目河淤涸，该号附近地亩因无水浇灌，逐渐荒废，"协成"字号随之倒闭。至清光绪初年（1875年），达拉特旗上层王公二官府维君居住在刚目河南，见刚目河淤塞，该地荒废，甚觉可惜，又见种地可收厚利，于是出资银2000多两，从旧刚目河北向，开挖了一条十二三里长的小渠，此小渠名为协成渠，灌溉协成商号已垦的荒地，并开设"天吉泰"商号兼做买卖，不数年刚目河河口及中部淤塞，土地荒废，商号亦随之倒闭，且因不懂水利，协成小渠亦荒废。沿至清光绪十六年（1890

年），维君知无利可图，不能继续经营，因此请人从中说合，将渠地全部卖给王同春，成为王同春开挖丰济渠的基础条件。

又据史料载，清光绪年间，旱灾频发，"清德宗光绪三年（1877年），口外各厅大饥，萨拉齐、托克托、和林格尔、清水河四厅尤甚。上年秋稼未登，春夏又复元旱，秋苗未能播种，各厅开仓放赈，饥民日多，仓谷不敷，饿莩遍野，蒙旗亦大饥。"至清光绪十八年（1892年），"归化道属七厅及蒙旗大饥，去岁灾歉，入春至夏无雨，不能下种，秋收无望，情形与光绪三、四年略同。"连年的旱灾，导致全境赤地千里，粮价飙升，口外粮价小麦价由七八百文增至一千八百文，而粗粮增至四倍，百姓无力购买，求食不得，只能四处逃散，流离失所，饿死者众多。

为保证基本生产生活，满足农业灌溉需求，王同春于同年集资两万余两，重新从黄河北岸之黄芥壕开口，经杭锦旗马场地、天吉泰向北截断刚目河，送入维君当初所开小渠，计新工长32里，宽四丈，深六尺。以后继续将协成小渠劈宽挖深，向西北开挖退水渠，经同元成东送入刚目河天然壕内，又费银3200两。但因退水不畅，清光绪二十三年（1897年）又向北开挖退水渠，经银定兔渠送入乌加河内，共长28里，宽3丈，深4尺。至此在协成渠基础上开挖的工程全部完成，谓之"中和渠"，此时并未有丰济渠一说。

清光绪二十五年（1899年），王同春又开挖丰济，自黄芥壕开口，经马场地开至天吉泰桥，长20余里。后又同韩铖王在林自天吉泰北开至忙盖图，长20余里。继与宫二自忙盖图北开至五分子，长10余里。复将旧日的协成渠劈宽，向北开挖正梢，通入乌加河，前后施工8年之久。全长90里，口宽8丈，通梢均宽5丈，深1丈到1.2丈。坡度甚好，水流畅通，全年水量充足。工程费银23万余两。

丰济渠

清光绪二十七年（1901年），义和团运动失败，八国联军攻入北京，开始侵略中国，在列强的军事压力下，清政府被迫接受议和并签订辛丑条约，进行庚子赔款。面对巨大的赔款数额，此时的清政府早已腐败无能，无力支付，为筹备赔款，清政府将河套土地收归官有后，开始在河套地区进行垦荒来解决经济困难。至清光绪三十一年（1905年），为统一灌区管理、整顿垦务秩序并促进农业发展，贻谷下令将全部渠道收归官有，由垦务局责令各地商将渠道"报效"归官。

据包头垦务局为遵批堪明地商王同春报效渠地分别批示载："又于早年在该旗地内开挖中和渠一道，由西南黄河挖至东北杭锦旗与达拉特旗交界处，共长四千一百三十七丈、口宽二丈六尺、深六七八尺不等，此渠每年付给杭锦旗租银五十两，又由杭达交界接至天生濠挖渠一道，共长二千五百三十丈，此渠系职与韩钺、王在林三家合开，言明以十股分算，职应分五股、韩钺分二股、王在林分三股，所有以上两次办到之达拉特旗地一段并房屋车马等项暨开挖之中和渠一道及应分支渠五股一千二百六十五丈，情愿一并报效，"将中和渠收归官有，并由西盟垦务总局出示后套地户"刚目河一带渠地已经各商报效归公，嗣后如欲租种地亩，应赴局中挂号认租……如敢故违，除将地亩另行招租外，再将该地户严行惩处。"收归官办后，为统筹后套渠地，由垦务局出钱，开挖了什八圪图支渠，长32里，兼作灌溉和退水之用。又由神圪旦接挖七盖毛河入天生濠，续控至苏俊兔、东罗圈，泄入五加河，此时将"中和渠"改名为"丰济渠"。不久，垦务局又相继开挖了塔儿湖，铁毛什拉、安师爷和补隆淖等支渠，共支出工程费23万两。但管理不善，彼时据当事者报告，"政府可灌田一万顷，又以五加河尾间湮塞，水无归宿之处，往往淹没田禾，渠道堵塞，入不敷出。"

二、中华民国时期丰济渠的探索与发展

发展到民国时期，垦务局因管理各干渠不当，不仅无利可图，连各局开支都不能维持，据《调查归绥垦务报告书》载："当时的各项收支项目，自开办至宣统三年止，通盘计算已收之数为110万两，而同期支出之数为133万两，不敷银22.8万两。"因此，将丰济渠随其他各干渠办法，由光绪末年的官办改为招商承包，官方将丰济渠包租于五大股承包，组成"兴盛成"，田全贵二股，张林泉二股和王在林一股。接着又开挖了刀劳召，葫素图等各支渠，开挖了什八迄图支渠。后经灌田公社承包管理四年，但因"该社经理俱系军阀爪牙，非为差弁即系护兵"普通常识不足，更难以管理水利。故本渠以西决口数百丈，五分子渠以下及基本干渠淤积，水旱频发。到民国十一年（1922年），为解决"灌田水利社"贪利忘义，百弊丛生，管理不善，百姓怨言的情况，绥远都统马福祥请王同春出面共商计策，并接受王同春废官办为民营的建议，于民国十二年（1923年）将丰济渠从灌田水利社收回，交由王同春等地商组织的"汇源公司"经营。王同春费银1万对丰济渠进行重新整治和俊修。但因时局变化，汇源公司承包丰济渠被中止。

民国十四年（1925年），撤销垦务局下的西盟水利总局，成立包西水利总局，实行第二次官办，但因管理不善，渠道连年淤废，灌溉缩减，成效不大。民国十七年（1928年），包西水利总局撤销，丰济渠作为河套水利中的一部分，又划归到了新设立的绥远垦务总局管理。

民国十八年（1929年），在包头召开包西水利会议，将河套水

利业务由绥远垦务总局划出归建设厅直接领导，渠利科改设为包西各渠水利管理局进行管理，改变第二次官办，将官办改为官督民修，渠道由灌区内群众自行管理，官厅进行监督。建设厅接管后，通过贷款整修，丰济渠才逐步成为有名的大干渠之一。

后因丰济渠渠口位置好，水量充沛，但可供给用水与需求用水不匹配，使得来水无退处，下游决口遭灾事故严重，每年淹地面积五百到九百顷不等。为控制洪水危害，节制入水，于民国二十三年（1934年）开始在渠口筑草闸，又经过四五年的整修，丰济渠全长96里，宽5丈，深6尺，共拥有支渠43条，总长660里。到民国三十年（1941年），恢复原有水利机构并改组为绥西水利局，丰济渠归绥西水利局管理，晏江县水利管理局为丰济渠水利贷款计1000万元来修整丰济渠，绥远省建设厅通过贷款整修，丰济渠引水、输水、配水和灌水情况大大改进。

三、新中国成立后丰济渠的改建与升级

新中国成立后，在中国共产党的领导下，丰济渠开始新的改建与升级。到20世纪50年代，丰济渠弯曲甚多，流向左右摆动不定，导致阻水，水大受淹，水小受旱，很难保证灌域农作物适时适量用水，为改变这种局面，丰济渠按照巴彦淖尔盟1956—1965年的农田规划，采取民办公督的办法初步治理了田间渠系及田间工程，包括新开挖支渠、斗渠26条等。同时为解决乌北农业灌溉用水问题，给乌北农区供水，从1962年秋开始至1963年春，从丰济梢部三岔口闸下贾格尔其东南至油房圪旦，开挖新渠8.2公里，完成了过乌工程。

在此基础上，为彻底改变旧貌，解决"受制于水"的局面，又于20世纪60—70年代进行了乌南工程和乌北工程等，通过分批分期的扩建、改建和渠系配套工程，将原为低水位的地下渠改变成高水位的地上渠，基本保证了安全行水并满足了全灌域的农田适时适量的灌溉要求，完成了丰济渠的水利建设。

改革开放以后，丰济渠继续实行扩建和升级。为解决土壤盐碱化的问题，积极推进续建配套与现代化改造工程建设。在统筹推进"十四五"河套灌区续建配套与现代化改造项目建设中，丰济渠于2021—2022年完成了渠沟道清淤整治，建筑物维修改造，线路启闭机、电器设备维修整改，以及渠沟道堤背设立限高架等工程，成为河套灌区发展农业的又一重要干渠。

目前，丰济渠作为河套灌区的干渠之一，西邻临河区，东接五原县，长度90.139公里。其中36.75公里走向为南北方向，61.9公里为东西走向；口部设计流量为54立方米每秒；灌溉控制面积为94.5834万亩，包括纯井灌面积12.1555万亩和什巴渠灌域的21.4942万亩。沿干渠共有分干渠2条，支渠48条，直斗农毛口133条，节制闸7座，各类桥梁27座，过总排干渡槽1座，设计流量30立方米每秒泄水闸1座，穿堤交叉涵洞6座。

丰济渠是五原县与临河区的地理分界线，在河套灌区中有其独特地理意义，其在遵循上级管理机构内蒙古河套灌区水利发展中心义长分中心的指导方针与政策法规的基础上，由丰济渠供水所进行直接管理，除了继续发挥农业灌溉的重要水源作用外，它还开始承担起水资源调配的任务。同时，面对黄河水患的威胁，丰济渠还加强了防洪设施建设，确保了灌域内的安全稳定。近年来，随着经济社会的发展和生态环境的日益恶化，丰济渠在河套灌区的建设中发挥了更加重要作用，其在保持农业灌溉和水资源调配的基本功能外，开始更加注重生态环境的保护和与农业、旅游等相关产业的融合发展，综合效益不断提升。

丰济渠作为河套灌区水利史上的一颗璀璨明珠，是河套灌区历史与现代水利智慧的结晶，其发展历程体现了水利工程对区域农业和生态的核心作用。丰济渠不仅是一部生动的水利建设史，更是河套地区经济社会发展的重要见证。从清中后期的起源与开挖，到民国时期的探索与发展，再到新中国成立后的改建与升级，丰济渠的每一个发展历程都凝聚着历代水利人的智慧和汗水。它不仅极大地促进了河套地区的农业生产，丰富了水利技术和管理经验，更对后世产生了深远的影响，为现代水利事业的发展提供了宝贵的历史经验与启示。

如今，随着科技的不断进步和管理的日益精细化，丰济渠正逐步引领着现代农业与水利事业向智能化、绿色化方向迈进，因此，有理由相信，丰济渠将在现代农业与水利体系中将继续发挥重要作用，为河套地区的可持续发展和建设全国一流灌区贡献更多力量。

皂 火 渠

李雪林

皂火渠原名灶火渠，有新旧之分，新皂火为干渠，旧皂火为分干渠，两条渠并行，间隔极小，最窄处仅60米，是河套灌区的重要干渠之一。皂火渠开口于复兴干渠的皂沙分水枢纽，全长约53.2公里，有完善的灌溉系统，以干渠为主，包括多条直口渠和各类建筑物，确保了高效、稳定的灌溉服务。目前皂火渠承担着五原县多个乡镇和办事处的灌溉任务，灌溉面积广泛，是当地农业发展的重要支撑。

一、皂火渠的开挖与初步整治

据《绥远通志稿》记载：旧皂火渠在清康熙四十年（1701年）由地商集资开挖，在五原常兴堂、什拉塔拉一带，长80余里，口宽3丈，深5尺，中宽2.5丈，深4.5尺，梢宽2.5丈，深4.5尺，灌第十九村地100余顷；支渠有16条，为吴柜、小白雅、刘糖房、点不开、常家渠、聚义兴、王商人、白柜、红柳、永盛西、乃莫召、高家、贺家、常兴堂、西商、八里生工等渠，旧皂火渠主要接引原旧复兴渠第二节制闸上放水灌溉。

到民国六年（1917年），因旧渠年久失修，口部淤澄，进水不畅，灌溉面积逐渐减少，各地商再次集资，委托王同春、樊三喜在四分滩东南与旧渠上段并行开口，渠身大部利用低洼天生濠整修而成。到民国七年（1918年），挖入乌加河，为新皂火渠，全长130里，3丈宽、6尺深。初名"农务工渠"，后仍沿用"灶河"旧名，改叫灶河渠，灌域达500余顷。新皂火渠是在旧皂火上段并行开口开挖整修的渠道，地理位置依然在五原常兴堂、什拉塔拉一带。

民国三十二年（1943年），新皂火渠接入复兴渠二三闸之间引水，全长92里，宽3.26丈，深4.3尺，灌溉油房圪旦、六申、王员、羊场、王缠、康碾房等村土地。该渠之上地商又集资开挖了大小支渠11条：王乐愚、曹柜、巴图、明盖、常兴堂、老柜、高家、张三、张存仁、户口地、樊润详等渠，灌溉第八、九、十编村的土地约180顷。

20世纪50年代初，尽管旧皂火渠接引原旧复兴渠第二节制闸上放水灌溉，新皂火渠接至旧复兴渠第二、三节制闸中引水灌溉，两渠水量基本能满足灌溉要求，但新旧皂火渠两渠渠身弯多、险大、阻水，致使经常出险，难以保证对农作物适时适量的灌溉。为扭转这种局面，在1956年前对阻水严重的弯段个别地进行了清淤裁弯工程，加固了渠堤，使得当时灌溉有所保障。

1957年，因包兰铁路河套灌区段开工建设及河套总干渠的开挖，原复兴渠改线北移，重新开挖，为新复兴渠。原新旧皂火两渠的引水口废弃，铁路部门投资从旧皂火渠王六圪旦旧柴草节制闸开始到新复兴渠的毛家桥处开挖了新旧皂火共用的引水渠道，新旧皂火开始合口引水，为皂火渠，全长 14.77 公里，施作土方工程 43.50 万立方米，同时在王六圪旦新建两渠分水柴草闸 1 座。

1960 年，根据巴彦淖尔盟 1955—1965 年初期农田水利渠系规划，采取民办公助的办法，又对农田水利建设进行初步规划，对渠系渠级进行了改革。到 1965 年开挖支斗渠 22 条，农毛渠 668 条，平整土地 8.48 万亩，缩小地块 29.4 万亩，兴建补建支斗口柴草进水闸 640 座，施作土方 468.7 万立方米，用工日 57.06 万个，用柴草 135.78 公斤。

二、皂火渠的扩建、改建与渠系配套

新旧皂火渠合口引水改建后，皂火干渠基本成型。为进一步发挥干渠作用，又疏浚了口部，对干渠进行了逐步的改建、扩建。

到 1962 年，由于王六圪旦分水闸下李三柱村对正至王锁圪旦村的弯道，过水断面小，经常阻水，为安全给中、下游输水灌溉，管理局、段工程技术人员勘测设计，并组织施工，将该处劈宽建正，并加固了渠堤长 11 公里，其中 2～3 公里采取修筑一面渠堤的方法，当年放水沿渠淤积有 300～400 亩荒滩成为可耕地，第二年将未加固的一面渠堤按标准全部加固，为护堤和解决水利工程对柴草的需要，在淤积的土地上种植了大量的柳树苗。

该渠从曹柜渠口至新公中村北段落弯曲阻水严重，经常出现险情。根据"六五"规划，1962 年由管理局、段的技术人员勘测设计施工，到 1966 年秋至封冻前五原县动员民工 2000 余人对该段进行了扩建和改建，裁弯取直 8 公里，但因工程量较大，到封冻时为保证工程质量暂停施工，于1967年春施作完毕。

为解决乌北农业灌溉用水问题，供给乌北农区供水，在1967年施作土方工程后，由巴彦淖尔盟水利工程队勘测设计并组织施工，兴建了一座横跨排水渠的渡槽，跨总排干的渡槽1座，并在乌一五公路附近的杜保圪旦村西南边，大概离村子2公里的地方，建了一座钢筋混凝土的节制闸，闸门的材料为钢丝网混凝土板。按规划该渠扩建过乌灌农田面积为1万亩。但施作各项工程后，经过放水试灌，发现因皂火干渠水位低，使用水困难，加上当时有些支渠还没有接通及渡槽发生故障，需要赶紧抢修。此时经过巴彦淖尔盟水利局、管理局和段多次共同反复实地勘查后发现，该渠水位较低，难以保证乌北地区的农田灌溉。若要使用该渠灌溉还需施作大量下级渠道的各项工程。为解决该地区农田灌溉用水，经分析，决定采取引用丰济、沙河两渠之水。该地区的上半部分利用部分原有支斗渠接到丰济渠的第四节制闸引水，下半部分就用沙河渠第六节制闸上、下之水，这样基本能保证该地区的灌溉。经请示巴彦淖尔盟水利局批准，皂火渠暂弃用跨乌渡槽及过乌后的节制闸，也完成了过乌工程。

1968年，根据"六五"规划，为尽快解决乌拉特中旗的红旗乡郝栓保、三大股、东牛犋、四头牛等地区的农田灌溉用水，经巴彦淖尔盟水利局和义长管理局、段共同勘测设计，并由管理局、段组织施工，于当年春从西牛犋村至郝栓保圪旦下五、乌公路东开挖新渠13公里。经过几年的灌溉输水，王六圪旦分水闸上下输水断面小，加之该处还有弯曲阻水现象。为适应灌溉的发展要求，1972年又劈宽建正并加固王六分水闸以下渠堤6.5公里。

1978年，因新公中至王缠圪旦渠段输水断面小，渠堤单薄且弯曲不适应灌溉的进一步发展，经管理局、段勘测设计并组织施工，裁弯建正并劈宽及加固了渠堤长 8 公里。1979 年，王缠圪旦处的第四节制闸下至第五节制闸下有小弯道，输水断面也不能满足灌溉需要。经管理段勘测设计，方案经管理局批准后，管理段施工，劈宽建正并加固渠堤 8.5 公里。1980 年皂火渠的土方工程基本结束。

在干渠扩建、改建的基础上，根据渠系规划的要求，采取民办公助的方式，对直口较大支渠、干斗渠按渠级进行了扩建、改建及配套，并对不合渠级的支斗渠采取了合口引水，通过不断扩建、改建，皂火渠的灌溉能力得到了显著提升。在扩建、改建土方工程的同时，为确保农田适时灌溉，建筑物工程也在同步推进。在扩建、改建前建筑物较少，仅口部有木结构进水闸 1 座、节制闸 4 座（新、旧皂火分水闸、新公中、王缠圪旦等），有木结构汽车公路桥 3 座（化家圪堵、五一临公路、五一陕公路），大车桥 3 座。到 1979 年建成永久性钢筋混凝土进水闸 1 座，节制闸 4 座，拖拉机桥 7 座，汽车桥 3 座。至 1980 年支渠配套，兴建进水闸 11 座，节制闸 3 座，汽车、拖拉机桥 38 座，斗渠口闸 77 座，干斗闸 9 座。国家投资 58.23 万元，地方水利投资 20.3 万元。目前有节制闸 6 座，直口渠进水闸 122 座，各类桥梁 19 座。

三、皂火渠的建设成果与功能效益

皂火渠经过渠系改建及支斗渠工程配套建设后，将原为地下渠的干渠变为地上渠，提高了干渠水位，解决了渠地两高的土地用水困难问题，在正常水位下可采取续灌方式，若来水不足便以各节制闸作为控制点进行轮灌，这样基本能保证全渠灌域农作物适时适量的需水要求。

干渠扩建前全长为 50.8 公里，包括旧皂火渠 17.8 公里，1950 年灌溉面积 10.8 万亩，该渠正常输水 9 立方米每秒，加大为 10 立方米每秒。1957 年渠道改线上接水源，到 1963 年前整修了阻水严重的一闸下的化家圪堵阻水弯道。1964 年皂火渠有大小支渠 22 条，正常输水 14.1 立方米每秒，加大为 18 立方米每秒，灌溉面积发展为 23.15 万亩。到 1965 年正常输水 14.1～18 立方米每秒，灌溉面积 24.68 万亩，1966 年开始扩建、改建后，全渠长 48.088 公里（不包括旧皂火分干渠 17.8 公里和乌北弃用渠段），渠系配套合口引水，灌溉面积增加到 24.87 万亩。

到 1982 年，按义长灌域管理局配合计方（按用水量）收费所控制渠口的资料，有大小支渠 53 条，0.5 万亩以上的支渠 11 条，0.5 万亩以下的支渠 42 条。1984 年灌溉面积增加为 32.85 万亩。1985 年，按建筑物清查资料，此时该渠有较大直口渠 29 条，到 1997 年正常输水 25 立方米每秒，加大为 28 立方米每秒，灌溉面积为 34.42 万亩，浇灌五原县的民族乡、丰裕乡、复兴乡、巴彦乡、乃日乡、向阳乡、永利乡、沙河乡、什巴乡、美林乡等 10 个乡 25 个村的农田及国有农场、林场和部队农场（五原县农场、县林场、51138 部队农场）的土地灌溉用水。

目前，皂火干渠是河套灌区十三大干渠之一，从复兴干渠皂沙分水枢纽取水，口部最大引水量 27 立方米每秒，全长 53.2 公里，共有直口渠 122 条，其中分干渠 1 条，支渠 12 条，直斗农毛口 109 条，承担着五原县境内天吉泰镇、套海镇、塔尔湖镇、新公中镇、隆兴昌镇、丰裕 5 个乡镇和 1 个办事处的灌溉任务，灌溉总面积为 41.81 万亩，为当地农民提供了稳定的水源保障，促进了粮食作物的丰收，满足了人民的基本生活需求，推动了农业产业链的延伸和发展，带动了农产品加工、销售等相关产业的繁荣。同时，农业经济的稳定发展也为五原县的城镇化进程提供了有力支撑，推动了基础设施的完善和社会事业的进步。

如今，随着现代农业技术的不断发展和水资源管理理念的深入人心，皂火渠在保障农业灌溉的同时，积极探索和实践更加高效、环保的灌溉模式。通过引入智能灌溉系统、精准农业技术等手段，皂火干渠实现了灌溉水量的精确控制和灌溉效率的显著提升，有效减少了水资源的浪费，提高了农田的水分利用率。

此外，皂火渠还注重与周边生态环境的协调发展，通过采取生态修复工程、加强水质监测等措施，确保了灌溉水源的清洁和生态系统的稳定，促进了周边地区植被的生长和生物多样性的增加，维护了区域生态平衡，减少水土流失和土地荒漠化现象，为五原县乃至整个河套灌区的可持续发展提供了生态保障。

未来，皂火渠将继续秉持习近平总书记"节水优先、空间均衡、系统治理、两手发力"治水思路，进一步加强渠系改造和现代化管理，提升灌溉能力和服务水平。同时，皂火渠还将积极探索多元化的水资源利用模式，如发展灌溉与养殖业相结合的生态农业、推动农业节水与工业用水循环利用等，以实现水资源的优化配置和高效利用。相信在政府和广大农民的共同努力下，皂火渠将继续焕发出勃勃生机，为五原县的农业生产和区域经济发展注入更加强劲的动力，也为推动农业现代化和生态文明建设贡献更大的力量。

沙 河 渠

李雪林

沙河渠，初名永和渠，后因渠口附近有沙丘，更名沙河渠。它位于五原县境内，是河套灌区十三大干渠之一。其起源可追溯至清代，至今已有百余年的历史，渠道流经天吉泰镇、复兴镇、套海镇、隆兴昌镇、新公中镇、乌拉特中旗德岭山镇，是当地为解决农业灌溉需求而精心开凿的重要水利工程。

一、清代后期沙河渠的起源与早期发展

沙河渠的开挖始于清光绪十七年（1891年），由地商王同春集资开挖。在此之前，达拉特旗内部发生了纷争，王同春挺身而出，亲力亲为调解纷争，历经一个多月，耗银2000余两，终于平息事态。达拉特旗的人们感激王同春的恩德，将隆兴长以西的土地租给他耕种。王同春意识到这里有地却缺水，于是决定开凿灌溉渠。他

组织一万多名工人，带领工人们起早贪黑、辛勤劳作，亲自指挥开挖工程。由于渠口附近尽是沙漠，这条新渠便被命名为"沙河渠"，又因在义和渠开挖之后，故名永和渠。

这条渠从杭锦旗马厂地沿黄河岸的意德成开口，蜿蜒而行，经十六股汇入哈拉格尔河，首段长17里，宽3.6丈，深6尺。清光绪十八年（1892年）春，渠道继续沿着哈拉格尔河延伸，经过柴生地到达黑进桥，又修挖了长24里、宽3.6丈、深4尺的渠段。到了光绪十九年（1893年），自黑进桥起，经鸭子兔、一苗树至补红，再增挖了一段长19里、宽3.4丈、深5尺的渠道。到了清光绪二十一年（1895年），正梢开挖，穿越梅令庙、马面换圪旦、继荣堂，最终汇入乌加河，此段长达32里，宽2.2丈，深4尺，用来排泄沙河渠内的多余水量。清光绪二十二年（1896年），渠道再次向东北方向延伸，经后补红、通玉德后开挖东梢，将水引入乌加河，这一段长32里，宽2丈，深4尺。至此，沙河渠自五原西南乡惠德成黄河北岸起，东北行经五原县中部，过梅令庙，最终入乌加河，全长达90里，工程耗资银九万余两。此后至清光绪二十七年（1901年）又开挖支渠10条，修闸坝3道和桥梁多处。

在修建沙河渠时，正值西北地区大饥荒，王同春以工代赈廉价雇佣灾民挖渠，前后用了不到四年的时间，整个工程就竣工了。彼时沙河渠为五原县及其周边地区农业提供了重要的水源。清光绪三十一年（1905年），为统一灌区管理、整顿垦务秩序并促进农业发展，蒙古地区开始放垦，五原设立了西盟垦务局，同时管理水利事务，将沙河渠收归公有。沙河渠官办三年，浇地不多，每年浇地面积在350顷左右。

二、中华民国时期沙河渠的完善与发展

随着沙河渠的建成,其灌溉面积逐渐扩大,到了民国时期,沙河渠的灌溉系统得到了进一步的完善和发展。

民国初年(1912年),河套各渠改行官民包租,各条渠道都开始招商承包,当时因王同春身在狱中,由其子王璟以地商的名义承包了沙河渠五年,并委托杨满仓(王同春挖沙河渠的渠工头)当经理进行管理。然而,由于经营不善,承包期满后,杨满仓继续承包却无利可图,于是改由灌田公社承包。

公社管理四年后,渠道逐渐淤废,民众呼吁政府允许地方人民承包。于是,王同春联合地方士绅,组织汇源公司承包了沙河渠。然而,好景不长,只经营了两年,绥远省就发生了政变,国民军执政后,将渠道收归官办,成立了包西水利局进行管理。随后,绥远省建设厅决定采取官督民修的办法,渠道由灌区内群众自行管理,官厅进行监督,沙河渠也成立了水利社,选举经理董事负责渠道事务。当时沙河渠实际灌溉面积只有500顷,最多不过800顷。

到民国二十年(1931年),沙河渠又开挖了一个新口,但因渠道多年未修,也没能解决多少问题,灌溉面积只有500顷。至民国二十五年(1936年),沙河渠的支渠已发展到74条,但渠道引水情况却越来越困难。民国二十八年(1939年)冬,日本侵略军进犯五原,加上民国二十九年(1940年)春的"五原战役",使得沙河渠以及以上若干小支渠遭到严重破坏,几乎达到淤废的程度。第八战区副司令长官和绥远省政府主席傅作义把这些渠道的修复列为军事水利建设的重点,开始对沙河渠进行扩建和修复。

民国三十一年（1942年）春天开始，绥西水利局局长王文景带领工程技术人员程瑞淙等，亲自到这一带沿河查勘，反复观察河岸变迁，水势流态，几经比较，最后决定要开挖一新渠，选定李根子圪旦（即黄介壕以东）附近作为渠口，与丰济渠口共用一个河湾。1943年春夏，傅作义派军工万余人，经过50多天的施工，施工开挖，将原复兴渠东至阎罗圪旦与沙河渠相接，即把沙河渠上延40多里，中间横切和合并小渠口共计12条，即独柜渠、屈柜渠、旧皂火渠、新仪渠、毛家渠、新皂火渠、中兴西渠、广泽渠、邬家地渠、哈拉乌素渠、十大股渠和阿善渠等，在沙河渠基础上最终挖成新复兴干渠，同时有少量民工在新干渠上先后修建了4个草闸，把以上合并的小渠口分别集中到二、三、四闸引水，以便于管理。当年增灌面积达到30万亩，以后为了保持渠口的稳定和减少供水灾害，又在三闸开挖退水渠1条，在紧急情况下直泄黄河。在干渠右侧还开挖南一支渠、南二支渠，以尽量扩大灌域。从此新复兴干渠取代了沙河渠成为民国时期河套十大干渠之一。

三、新中国成立后沙河渠的整治与扩建

新中国成立以后，沙河渠大部分渠身弯曲严重，流水不畅，时有出险之事，难以保证各种农作物适时灌溉。尽管引用原复兴渠水水源较为充足，但由于该渠道弯曲阻水严重，在灌溉紧张时不能加大水量适时灌溉。

因此，从1952年开始，根据上级精神沙河渠开始整治，将阻水严重的楞头儿圪旦村对正，郝进桥村南渠段的两道弯段裁弯取直4公里。同年从张腮如村（该渠东西两梢分水处）至杨根艮村北，将

沙河渠

西梢弯道取直4公里。1953年春，又将圪店桥至公义渠口取直小弯道3.5公里。在此基础上根据巴彦淖尔盟1955—1965年农田规划，为改变田间不合理的渠系、渠级及田块大，土地不平整导致的管理不便问题，按规划要求，沙河渠采取民办公助的办法进行了建设，到1965年近10年的时间，沙河渠在其灌域境内，新开挖支斗渠33条，农毛渠151条，平地面积9.5万亩，缩小地块（2～10亩）27.11万亩，新建和补建支斗口柴草进水闸1290座，施作土方748.35万立方米，用工日78.92万个，柴草131.34万公斤。

1956年新建包兰铁路，旧复兴渠改线。为解决沙河渠农田灌溉，从旧复兴渠第四节制闸至毛家桥的旧复兴渠段20公里，由沙河渠接用。但由于旧渠段过水断面宽浅，渠道纵坡缓，流速慢，渠内经常淤积泥沙，渠口和梢段更是时常遭遇淤积问题，阻碍正常输水，过去年年或隔一年须清淤加固渠堤，否则难以保证灌溉与安全行水。后为解决此问题以及减轻农民清淤加固渠堤的负担，从1963年开始，政府利用柴草在渠两岸按一定的间距，交错打桩或用铅丝编成透水坝，利用水流中的杂草挂在透水坝上产生阻力使水流减慢，水中的泥沙逐渐下沉。经过逐年施作，几年后基本将原宽浅断面缩为正常输水断面。从此不仅结束了每年清淤、加固渠堤工程，节省了人力物力，而且做到了输水畅通。

1967年秋冬两季，为保证乌拉特中旗农业区的农田灌溉，决定对过乌北输水渠线进行扩建，同时，为保证引水问题，在沙河干渠沿线新建几处节制闸和钢筋混凝土节制闸来调节泄水。1968年春，乌拉特中旗动员民工，管理局、段组织施工，从总排干渡槽至二羊圪旦村东，出梢送入神肯卜尔洞海子（又叫刘铁海子），开挖新输水渠13.5公里，正常输水4立方米每秒，可灌面积2.4万亩，实灌1.92万亩。到1974年，二羊圪旦村以东及闸上的部分土地划归牧羊海牧场管理，为了牧场管理，牧羊海牧场将沙河渠尾部出口处坐坝堵死，12年后又启用第八节制闸（二羊圪旦闸）。在启用梢部期间，每年用水季节，遇有降雨，渠内水位上涨，灌溉无排泄之处，常有出险之事，后为避免事故和管理便利，管理局多次勘测后疏通了渠梢。

到1970年，原东梢旧渠身弯多，输水不畅，为改善旧渠条件，五原县动员民工，管理局、段组织施工，将旧东梢从仁保村南旧分水闸至原沙河乡村西北7公里废弃。由原西梢口部（任保村南旧分水闸）至五一陕公路北邬三秃村南，劈宽加固渠堤2.5公里，又从邬三秃村东南穿过零散几家住户，经三柜圪旦村南接挖新渠线3.5公里，送入原东梢。又因原东梢输水断面（狭窄）不能满足下游灌溉的情况，将三柜圪旦东、粉房圪旦、侯来圪旦、王伯彦西、后补红西、美林东、同义德村西的旧渠段进行了不同程度的劈宽和加固，施工长度9.8公里。同时将西梢从邬三秃村开始，经和尚圪堵、任顺圪梁、杨三桥，到杨拴狗圪旦村西为止，施作了加固渠堤及清淤劈宽工程，长10.5公里。

1973年，为解决西梢中游的任顺圪梁、油房圪旦等村的高渠高地引水灌溉问题，在西梢6.57公里新建1座宽2米的浆砌石节制闸，闸门为钢丝网混凝土板，闸上安装手摇5吨启闭机1台。该闸建成后保证了该地区的农田适时灌溉，从此结束了到灌水期就得坐土坝取水的历史。

1976年，由于沙河渠的毛家桥至第一节制闸的渠段，渠堤单薄，为安全行水，五原县动员民工，管理局、段组织施工，加固渠堤3公里。同年又将旧五闸（圪店桥）至红赛二队猪场阻水弯道建正，长2公里。此后，管理局又多次组织进行了改建，包括劈宽加固渠堤、挖新渠线等工程。同时，利用公路改线移桥的机会，进行了裁弯取直工程，到 1980 年基本结束。

与此同时，沙河渠在干渠扩建与改建的基础上，按照渠系规划，通过民办公助方式，分期分批对支渠和干斗渠进行了扩建、改建及渠系配套工程建设，同时对不合渠系的支斗渠采取了合口引水，部分直口小渠也进行了改造，确保了农田灌溉。通过这些工程，提高了干渠运行水位，解决了部分高地用水困难，在正常水位时可续灌，水位较低或口部来水不足时则采取以闸轮灌，保证了各种水情下的农田灌溉。

沙河渠在扩建前，干渠全长 64 公里，灌溉面积 15.2 万亩；扩建后，全长增至 91.9 公里，正常输水 25 立方米每秒，加大为 29 立方米每秒，灌溉面积大幅增加，灌溉范围也扩大至多个乡镇和农场。进入 21 世纪，沙河渠在贯彻中央对河套灌区整顿提高，讲求经济效益的指导思想中，继续实行扩建和升级，先后完成现代化改造和维护工程，成为河套灌区发展农业的又一重要干渠。

四、沙河渠的建设成果和功能效益

经过不同时期、不同阶段的扩建和升级改造后，目前，沙河渠从复兴渠皂沙分水枢纽开口取水，全长 79.6 公里，口部设计流量 38 立方米每秒；渠道上共有建筑物 233 座，其中节制闸 11 座、桥梁 19 座、渡槽 1 个、泄水闸 1 座、直口渠口闸 201 座。渠道流经天吉泰镇、复兴镇、套海镇、隆兴昌镇、新公中镇，乌拉特中旗德岭山镇，承担着五原县、乌拉特中旗 6 个镇 34 个村、161 个社的灌溉任务，现灌溉面积为 39.24 万亩，为当地农业的持续发展提供了有力保障。

此外，沙河渠还发挥着防洪排涝、水资源管理和生态环境改善等多重功能效益。在防洪排涝方面，沙河渠能够迅速排除农田积水，减少洪涝灾害对农业生产的影响；在水资源管理上，通过精确的调控和分配，确保了水资源的合理利用和高效利用；在生态环境改善方面，沙河渠的水质清澈，沿渠植被茂盛，为周边地区提供了优美的生态环境和休闲场所，进一步促进了区域经济的繁荣和可持续发展。未来，随着科技的不断进步，沙河渠将继续发挥其多功能效益，为河套农业可持续发展、生态环境保护、经济发展和社会进步贡献力量。

义 和 渠

李雪林

义和渠，原名同和渠，又名王同春渠，后改名为义和渠，是河套灌区的重要水利工程之一，承载着丰富的历史与灌溉使命。它源自清朝末年，由地商王同春自筹资金开挖，历经多次改建与扩建，现流经五原县、乌拉特中旗、乌拉特前旗由苏独龙河入乌梁素海，自西南向东北穿越多个村镇，灌溉面积广阔，已成为一条全长90里的主要灌溉渠道，为当地农业生产提供了稳定的水源保障。

一、清代后期义和渠的起源与形成

义和渠的历史可以追溯到清光绪年间。清光绪六年（1880年），地商王同春因与郭大义父子意见不合，辞去"老郭渠"渠头，和郭敏修分开后，他深入了解了后套地区的地形，发现河套地区东北低、西南高。他认为如果顺着地形开渠灌溉，应该能成功。于是，他自集资金，决定另起炉灶，开始修建渠道，安家立业。

时有山西交城商人张振达与王同春是知己之交。张聘王的二女云卿为其儿媳。张振达原在哈拉格尔河、张老居壕、奔巴图河一带，租佃了杭锦旗一段地。因王、张两家联姻，亲如一家，遂将这段地的承包权转让给王同春经营。这时王同春的土地已增至百顷，包括郭商人在邬四圪堵和东牛犋两处的赠地数十顷；自己向沙呼尔庙包租的"膳召地"数十顷；张振达转让的租地数十顷。如此土地颇具规模，确实需要自己开渠，才能确保水利灌溉。所以清光绪六年（1880年）王同春从土城子北边的黄河岸开始挖，经过杭锦旗的马厂地、五顶帐房，然后向北一直挖到哈拉格尔河，展延至梅令庙与乌加河。清光绪七年（1881年），他又顺着河继续挖，经过苗家圪旦、羊油坊、西牛犋，从东北方向一直挖到隆兴长北。到清光绪八年（1882年）以后，王同春便集中力量兴修渠道，同时扩展土地创立家业。

清光绪八年（1882年），王同春利用哈拉格尔河、张老居壕、奔巴图河等三个天然壕沟，疏浚挖通。因系疏浚旧河筒子为渠，时人称"烂大渠"。清光绪十二年（1886年），王同春又在"烂大渠"的基础上继续延伸，开成了一条小渠，命名"同和渠"。清光绪十五年（1889年），王同春又重修"同和渠"。这次是从土城子另开渠口，向东开挖至锦绣堂，又北分为三条支渠：一条向东行，通入大顺成渠；一条往东北方向走，通入"老郭渠"；一条直接往北走，为本渠之正身，经苗家圪旦，初挖至西牛犋，长30里。

清光绪十七年（1891年），王同春包租杭锦旗土地后，河口堵塞，由土城子东勘定渠口，向东北开挖宽2丈多，一面接用旧渠。清光绪十八年（1892年）挖至同心德桥。清光绪十九年（1893

年），地方遭遇大饥荒，饿民遍布，为扩大灌溉面积，王同春又从同兴德挖至隆兴长，长20余里，浇灌达拉旗地；劈开隆兴长大街为东西两面，经老赵圪堵、同兴泉、邓金坝、银瑞桥、范家油坊通入乌加河，作为渠道的末端。全渠分三段完成，计长83里。

清光绪二十年（1894年），自隆兴长向北，开挖"小城渠"，经贾粉房圪旦，引水于乌加河，长30里。此后又从巴总地向东展挖到什拉胡鲁素及红门图地方。这段工程初挖时，渠内因雨有积水，泄入尖三壕入通济渠。该渠可浇灌梢地300余顷。清光绪二十二年（1896年），又自银瑞桥起，顺乌加河东南向，展挖到巴总地，利用管三壕，济水于"老郭渠"下游北梢，累计长115里。

随着同和渠的开挖，王同春包租蒙地不断扩大，到清光绪二十六年（1900年）又陆续由口至梢劈宽加深，口部宽4丈，深8尺，中部均宽3.5丈，深6尺。梢部均宽2丈，深4尺。该渠从黄河开口引水入渠，由西南向东北经土城子、贾方留店、田大人地、南牛犋、王二柜、和合元、西牛犋、曹柜、王来生圪堵、同心德桥、王善圪堵、刘四拉、隆兴长、老赵圪堵、同心泉、什拉、巴总地、邓金坝，并从此分南北两梢，北梢经银瑞桥、范碾房、高山圪旦入乌加河，灌溉面积2800余顷，可用耕地2000余顷，实种地1000余顷；南梢尖三壕，原送入通济渠退水，弃用后，将水送入王有计、刘蛇、韩三、郭七儿、观灯圪旦村灌地。

到清光绪二十八年（1902年）前后共20年时间，完成全渠开凿工程。因与郭敏修分渠和解，独自经营，故初名王同春渠，也为同和渠。此渠共开支渠45条，灌域面积2200余顷。全渠建筑了4座大桥，即日兴德桥、隆兴长大桥、西牛犋桥和银瑞桥，均用土法建筑。

同和渠建成后，上游地商陈景秀大量开挖支渠，结果因浇地用水过多，致使中下游用水困难，住在下游的王同春与陈景秀常因抢水而产生矛盾纠纷，导致引起械斗。王陈两家各雇用拳手互殴，在打架的过程中，王同春请的拳手挖了陈景秀的眼（从此叫瞎陈四），并于清光绪二十九年（1903年）腊月三十日夜间，在土城子三岔口王同春拳手杜福元把陈四打死了。出了人命之后，王同春和陈景秀两家的矛盾更加激化，难以解决。为了结此事，经郭老太爷等多次调解讲和，两家的矛盾才渐渐平息。王郭两家也因此事息争，和好如初。为了表示和解，他们还把之前因为争水而建的渠道从"同和渠"改名为"义和渠"。此名一直沿用至今。在这之前，郭大义已经谢世，其子郭敏修将二女许配给王同春次子王景为妻，结成儿女亲家，亲如一家。

随着王同春将义和渠挖通以后，义和渠的灌溉区域就以隆兴长为中心，可以灌溉大约1500顷的土地。而隆兴长又正好位于河套的中心，所以河套地区就以隆兴长为中心，官府处理全渠事务都在隆兴长进行。此时，隆兴长以河运畅通，驮运发达的地理优势，开设商号、粮行的买卖也多了起来。到清光绪二十六年（1900年）前后，由于隆兴长的河运和路运进一步通畅，从该地运输的粮食、皮毛、药材等，西至宁夏的银川，东至晋北的河曲，中经包头和托克托县的河口向西北、华北和蒙古转运。这时，隆兴长不仅成为河套地区商旅云集、买卖繁荣的水旱码头和货物集散中心，而且由于人口骤增，商业昌盛，并且开设了不少粮、油、皮、毛加工作坊。王同春为了组织管理其河渠水利、农牧垦殖，还在隆兴长四周方圆数百里设置了无数公中、牛犋。这些公中、牛犋，形成了王同春的经营管理网络，随后清政府还在此基础上，设置了五原厅行政管理机构。

至清光绪二十九年（1903年），该渠由公家收回，垦务局承办竣修，投入资金陆续整修开挖。清光绪三十年（1904年）由于蒙地开始招垦，义和渠渠地就被官府收走放租，为永租地，其渠道也被收为公有。

二、中华民国时期义和渠的探索与发展

进入民国时期，义和渠经历了多次整修与扩建。经过垦务局的整修和管理，到民国初年（1912年），义和渠开始招商承包。王同春的儿子王景以商人的名义承包管理了5年，但乌加河下游的土地全靠这条渠灌溉，所以王景组织了义和社来管理。然而，管理了几年后，下游不仅没有受益，义和渠本身也堵塞了，水不够用。

到了民国九年（1920年），灌田公社接手了渠道的管理，但管了4年，老百姓不仅没得到水利的好处，反而因为干旱更遭罪，连住的地方都快没法待了。民国十二年（1923年），百姓因渠道堵塞、缺水致使田地也荒废了，都纷纷请求政府辞退灌田公社，由自己管理来修整各渠道，让河套地区重新繁荣起来。政府听了大家的意见，让五原、临河两县的绅董来负责承包。王同春以董事长名义，集合全后套的绅董，组织成立了汇源公司，承包了15年。但在管理2年之后，就遇到了绥远政变，导致合同没到期，省政府就把权力提前收回自办，并成立了包西水利局。他们又把渠道分给不同的人管理，结果才管了2年，渠道又因淤堵而荒废了。

民国十三年（1924年），义和渠借用沙河渠水浇灌。民国十六年（1927年）后黄河北移，进水较畅。到了民国十七年（1928年），因渠身弯曲，流水不畅，建设厅的冯公为了听取河套地区百姓的意见，在包头召开了包西水利会议，决定改为官督民修，由地方组织水利社选举经理董事负责管理。鉴于原口偏东，进水不畅，

为进一步修整义和渠，冯公帮忙借款，在西土城子西另挖新口，长11里，宽4丈，深4尺；隆兴长南北的渠道也进行了修洗。后经地方大户集议，将旧口卖与王英，双方议妥，旧口可浇花户之地，但仍由义和社照章缴租。该渠入乌加河东行百余里，可灌安北设治局什拉忽鲁素、红门图等地，水势较好，灌域辽阔。

到民国二十一年（1932年），由二分子渠口起，裁弯11段，取成直线，计挖生工7里。二分子以上洗挖5里余。西牛犋渠口至新华公司渠口之3.5里，李满子渠口以至土城子北之9里，刘四圪堵至东水栅之6里都进行了洗挖。

民国二十二年（1933年），后套雨量增大，黄河上涨，义和渠内水位不断增高（当时各大干渠皆退水入乌加河），淹没了渠梢的全部，所以工程未能兴修。余水尽泄乌梁素海，使原来本不大的海子变为大海。民国二十三年、二十四年（1934年、1935年），又因为乌加河的水量太大，义和渠的水不能退入，所以从银瑞桥向东又挖了一条退水渠，送到通济渠的北端，用来排泄义和渠的多余水量，此外还加固王善圪堵渠堤3里多，修筑了乌加河南堤。

民国二十五年（1936年），人们以渠工服役的方式，修挖了渠道。到了民国二十八年（1939年），又商请军政当局派兵工两营，洗挖了渠口淤澄的渠段，共计4000余土方。义和渠建成后全长90里，由各地商集资开挖大小支渠69条，进一步改善了当时流经灌域的灌溉面积。

三、新中国成立后义和渠的改建与升级

义和渠在民国时期，经过了不断地改建和扩建，但该渠渠身在

历史上开挖时均利用天然壕沟经人工整修而成,所以弯曲段很多。虽然历史上多次计划裁弯建正,但因为渠道堵塞得太厉害,多年来受限于人力财力,只能选择性地进行修挖,边挖边堵,效果也不太好。此外渠道口也经常受到黄河水流转移的影响,常常因黄河带来的泥沙堵塞,需要每年进行深挖。因此除对部分十分险要渠段进行建正外,其他均未实现。该渠常因弯曲阻水,严重影响正常输水,且滋生事故。

新中国成立后,在中国共产党的正确领导下,义和渠迎来了新的发展机遇。为彻底改变渠道旧貌,20世纪50年代初,政府在不影响涝挖引水口的前提下,采取分期分批重点治理的办法,从1952年春开始,将义和渠阻水严重的渠段原邓金坝以西3.5公里的弯段建正,且将渠堤加固。1955年将二银圪旦至樊存弯4公里的弯段进行建正,但由于当时劳力紧张,对经常出险的单薄渠堤也只能施作维持当时用水的加固。后根据巴彦淖尔盟乡农田水利规划,为改变田间渠系渠级紊乱、田块大、高低不平,使配水和渠道管理困难的状况,按规划要求,又采取以公助民办的办法,从1955年至1965年近10年的时间(根据农田水利建设统计),在该渠灌域内新开挖支斗渠33条,农毛渠636条,平整土地面积10.6万亩,缩小地块29.7万亩,新建和扩建支斗口柴草进水闸760座,施作土方830.48万立方米,用工日74.97万个,柴草328.86万公斤,使义和渠的灌溉体系更加完善。

在初步治理的基础上,按"六五"规划又对义和干渠进行了逐步扩建、改建。该渠从邓金坝以下分南北两梢。原北梢经过五原和胜、城关乡的金先生圪旦、范碾房、银税桥等村送入原乌加河灌域。南梢(旧名称菅三壕)经过五原和胜、建丰的韩三圪旦、王眼纪、刘蛇、王巴、郭七儿、观灯圪旦等村和原安北(现属乌拉特前旗）的王光和、高炮台等村。北梢除要保证乌南用水外，在每年用水季节必须按盟下达的供水指标给原乌加河灌域供水。在每年用水季节，上、中游按农时放口引水，使流往下游的水量减少，而下游乌加河灌域的用水量与中、上游相差无几，致使下游乌加河灌溉很难浇上适时适量的水，农业生产受到影响。为解决此问题，内蒙古巴彦淖尔盟决定将其作为义长灌域首期改造工程，由义长局规划，自1963年起筹备，经勘测设计与审核批准后，于次年9月正式开工，并于1965年5月中旬完成主要工程，投入使用。

义和渠原规划局部裁弯旧渠，至乌加河南侧开挖新渠至义和园渡口建渡槽过总排干沟，再北侧开挖新渠接六份桥节制闸，渠道总长60余公里，当时总干渠尚未通至四闸，初期上游来水仍用旧义长渠。后因义和渠原渠线经刘四拉村南至五原县城，弯曲阻水且影响镇容，五原县领导提议改线。经协商，废弃城内渠段，移至镇外经化肥厂等地，新挖8公里至老赵圪堵旧义长渠。经多方比较及地方领导同意后，最终确定在邓金坝正北建渡槽，过总排干沟后平行北侧建新渠，其余渠线略有调整。渠线方案确定后，巴彦淖尔盟水利局组织义长与乌加河管理局进行实地勘测，测定渠线90余公里，并完成社会资料收集与渠道设计。

1964年秋至1965年春，五原县动员民工，由义长局组织，完成了义和渠五原县城关段裁弯工程及上游渠身整治，裁弯建正共16.1公里，采用链轨车碾压渠堤保证工程质量，并改造土地400余亩，为以后垦殖造林创造了条件。同时，弃用南梢营三壕，南梢改接通济渠，北梢送入乌加河灌域。接通济渠，取直老赵圪堵旧渠弯道和义和二闸上、下几个弯道，并劈宽过水断面。渠道工程中最艰巨的一段是平行总排干沟北侧，乌镇海子边缘东段，到1965年春季施工时，又正遇土壤解冻，泥土水混杂，锹、箩头都极难操作，人们用布包、麻袋,甚至手抓,硬是完成了任务。

经过这次扩建的义和渠,旧渠只保留约 2/3,其余旧义和渠弯道大部分进行了裁直,裁弯使渠道缩短 6 公里。新渠设计水位参照原渠,投产初期,城关段裁弯 7.6 公里长的一段渠道两侧阴渗严重,后逐渐减轻。随着生产需要,后续又对个别不符合生产需要的渠段进行了改建与扩建,如在集中改建、扩建中将义和渠经驶在红、义和园、六份桥、广铁圪旦、苏独仑农场二连村北接入原旧烂大渠;扩大烂大渠断面、加固渠堤等。

通过多年的建设,下游灌溉较前方便许多,但仍有部分渠段渠堤不坚固,为安全行水,1974—1975 年连续施作了加固工程,并施作了通梢工程长 28 公里。为确保中、下游安全输水,于 1967 年春,由五原县动员民工,管理段组织施工,从口部至旧川惠渠口下,将单薄、低洼的渠堤进行了加固,并将由淤澄形成阻碍输水的泥沙进行了清除。到 1978 年,扩建,改建的土方工程基本结束,进一步改善了渠道的灌溉条件。

在干渠扩建的基础上,按照渠系规划的要求,后义和渠又以民办公助的方式,对直口较大支渠,干斗渠按渠级进行了改建,并对不合规划的支斗渠采取了合口引水。支斗渠系的扩建、改建及配套是在分期分批中进行的。经过几年建设,共改建、扩建支渠 26 条,在较大支渠配套建设中新建支渠进水闸 26 座,干斗进水闸 18 座,节制闸 37 座,涵洞 5 座,小渡槽 8 座,斗口进水闸 154 座,生产桥 62 座,施作土方量 82.46 万立方米,石料 7841.5 立方米,混凝土 3777.16 立方米,用工日 14.77 万个,砂石料 7861.0 立方米,水泥 793.5 吨,木料 29.12 立方米,钢材 35.59 吨,国家补助工料费 85.79 万元。

四、义和渠的建设成果和功能效益

通过多年的干渠改建、扩建以及渠系配套建设,将原地下干渠改建成了地上干渠,提高了干渠运行水位。正常水位时采取续灌,水位下降时采取轮灌方式,以各节制闸进行调节水量来满足灌溉要求的水量和水位。

义和渠扩建前全长44公里,在20世纪50年代初,义和渠正常输水10.5立方米每秒,加大为17立方米每秒,灌溉面积为16.87万亩。20世纪50年代到60年代初对该渠进行了部分整修,按1964年灌区清查资料,义和渠实有大小支渠163条(五原153条,乌拉特前旗10条)。正常输水为18立方米每秒,加大为20立方米每秒,灌溉面积为33.07万亩。

经扩建、改建后,义和渠由正常输水25立方米每秒,加大为31立方米每秒;到1982年,根据管理统计汇报资料,经过渠系改建、扩建后,义和渠现有大小支渠83条,0.5万亩以上支渠25条,灌溉着五原城南、荣丰、向阳、城关、和胜、美林、沙河乡,乌拉特前旗长胜、苏独仑乡,乌拉特中旗德岭山乡等11个乡35个村的土地,还灌有17个国有农场的土地。到1983年,灌溉面积发展为35.38万亩,比1964年灌区清查面积25.71万亩(该面积是33.07万亩减去接入通济的义和南梢灌溉的面积7.36万亩所得)增加9.67万亩。

目前,义和干渠作为河套灌区十三大干渠之一,从总干渠第四分水枢纽开口引水,口部设计流量36.2立方米每秒,从干渠口直口109条,其中支渠21条,斗渠26条,农毛渠62条,全长81.0公里；共有各类建筑物 153 座，其中桥梁 28 座、直口渠口闸 115 座、节制闸 7 座、涵洞 1 座、渡槽 1 座、泄洪闸 1 座。全年行水时间在 240 天以上，农业灌溉年平均引水量 2.5 亿立方米左右；乌梁素海生态补水年平均量 1.3 亿立方米，现承担着五原县套海镇、胜丰镇、隆兴昌镇、和胜乡、乌拉特中旗德岭山镇、乌拉特前旗苏独仑镇 6 个乡镇及五原强戒所、牧羊海牧场、建丰农场、苏独仑农场 4 个国有农牧场的灌溉任务，灌溉面积为 62.25 万亩，为灌区内耕地提供了稳定的水源保障，使得农业生产得以顺利进行，有效解决了当地农田灌溉的用水问题。

此外，义和渠的建设也促进了当地社会经济的发展。灌溉条件的改善使得农业生产效率大幅提升，粮食产量稳步增加。同时，渠道两侧的肥沃土地也为当地农民提供了丰富的种植选择与经济收益。近年来五原县政府以义和渠为轴心建成带状公园，对沿渠 8 公里的两岸进行了绿化、美化、亮化、硬化建设，同时建成了古郡湖游园、五原印象等景点，丰富了五原市民的休闲娱乐文化生活。

义和渠还具有一定的生态功能。近些年来河套灌区完善灌溉与排水系统，义和渠不仅保障了农田的水资源需求，还促进了生态环境的平衡与稳定。渠道两侧的植被得到了有效保护与恢复，为当地生物多样性提供了良好的生态环境。加上灌域内有乌梁素海、牧羊海两个较大的天然水域，科学的生态补水也让河湖水资源生态良性循环和地方经济社会持续发展。

综上，义和渠作为河套灌区的重要水利工程之一，其历史沿革悠久、功能成效显著，如今依然在惠泽河套土地。在未来的发展中，我们应继续加强对其的保护与管理力度，确保其能够持续为当地农业生产与经济发展提供有力支撑。

通 济 渠

云楚涵

"通济"的字面意思是开朗豁达、融通调剂、往来通达。在中国历史上有很多地方、渠道以通济命名。南京城十三座明代京城城门之一，也是世界历史上规模最大的城门，就被朱元璋取名"通济"。古代中国人民创造的伟大工程，隋唐大运河的首期工程也被命名为"通济渠"。

在内蒙古河套灌区，也有一条干渠被命名为"通济渠"。河套人以"通济"命名这条渠道，就是希望"通"与"济"相连，即渠通、水济，护佑一方水土。

一、通济渠起源与形成

通济渠是河套灌区十三大干渠之一，原名老郭渠，位于义长灌域东部，与乌拉特灌域相连。通济渠历史悠久，早在清同治六年

(1867年)就有开挖的记载,是河套八大干渠之一,民国四年(1915年)改名为通济渠,于1966年扩建成形。干渠在20世纪六七十年代进行过大规模的配套改造,当时的改造、配套都是以民工投劳、国家补助三材为主,后经世行贷款配套工程、节水工程、"十四五"河套灌区续建配套与现代化改造工程逐步对干渠进行建设。

提起通济渠的开挖,就不得不说"地商"。清乾隆时期以后,来河套做生意的,多是毗邻的河北、山西、陕西等地的商人。按清朝的规定,起初这些商人是带货来卖,一次贸易时长不得超过一年就要返回,称为旅蒙商。后来有的旅蒙商在河套地区定居经营,并且在这里开设商号,逐渐发展成为强大的商业资本势力,投资租种和分佃土地,故称"地商"。

他们租种的土地,先是位于河水漫溢的低洼处,就近河道以便引灌,后来逐渐开渠引灌,扩大垦种规模。道光年间,随着河套地区农垦开禁,租田垦种者越来越多,揭开了近代河套水利的开发序幕,河套水利建设自此进入了繁荣阶段。可以说,近代河套水利开发,地商功不可没。

《绥远通志稿》记载,至清光绪末年(1908年),河套地区开挖了缠金、刚目、中和、永和、老郭、长胜、塔布、义和八大干渠。从清末到中华民国时期,河套灌区每条干渠的开挖,都经历了从"河化"到"渠化"的演变。这体现了河套人民遵循自然规律,善用自然之力。通济渠也不例外。

在五原东部(即今五原县与乌拉特前旗交界的地方),早先有一条天然河流,叫短辫子壕,长20里。清咸丰年间(1851—1861年),有汉人在此经商,见有洪水漫溢的洼地可以用来耕种,便向蒙旗私租垦种。至清同治初年(1862年),短辫子壕淤塞断流,耕地逐渐荒废。

这期间，山西交城商人张振达，开设"万德源"商号，做蒙古生意，他深知开渠垦田的重要。于是，在清同治六年（1867年）张振达吸收郭大义到万德源商号当开渠总管。

清同治八年（1869年），万德源商号开挖短辫子壕，挖成后更名短辫子渠。三年后，渠道淤废，张振达的万德源商号无力继续疏通、开挖，"遂联合万泰公、史老虎、郭大义组成四大股，公推郭大义主持开渠，并聘请王同春当渠工头。"于清同治十三年（1874年）重新开挖短辫子渠，由五原县属之西土城子黄河开口，利用天生套河，东北流向，前后历十数年接挖至板头圪旦，计长100多里，灌田1500顷，此时改称老郭渠。清光绪二十年（1894年），郭大义之子郭敏修为继父业，将老郭渠向北接挖45里，经惠丰长、隆恒昌、致中和最后入乌加河，历时12年疏通，是为北梢。

清光绪二十三年（1897年），又接挖干渠，利用哈不太河，入长济渠，转入乌加河，历时5年完工，长40里，是为南梢。在此期间，干渠两侧共开成支渠27条，其中地商陈四、史老虎、积厚堂三家合开4条；贺瑞雄、郑映斗各开2条，郭敏修、刘保小子、吉尔蛮太等各开3条；高、蔡两家合开蔡家渠1条；李达元开1条；史老虎开8条；共投入渠款银30万两。清光绪三十年（1904年），垦务放地，贻谷将老郭渠以7万两银收归官有，招商包办。民国四年（1915年）老郭渠正式更名通济渠，沿用至今。民国十年（1921年）仍由公家收回设局办理，至民国十七年（1928年），交地方设水利社办理。

据《绥远通志稿》记载："河套水利，至清同治、光绪之际，后人所盛称开辟套地，谙悉水脉之王同春者，始至其地。而其先，已有川人郭敏修者凿渠放地于斯土，又有甄玉、侯应魁及郑、田、杨姓地商步伍于后，至光绪中年，遂有缠金、刚目、中和、永和、老郭、长胜、五大股等八大干渠之成功，而以王同春所开之渠为著，其尽力独多也。"所以后期通济渠的挖掘在技术上以王同春为主，他还协助郭大义开挖施工，又多次参与技术改建工作。

清光绪十九年（1893年），地商陈锦秀在通济渠、义和渠口部一带经营土地，与王同春和郭氏父子在中下游一带经营渠地时发生矛盾而械斗。清光绪二十九年至三十年（1903—1904年），清政府派贻谷办垦，将河套土地归官放垦，当时王同春是河套最大地商，拥有的渠道最多，他的动向至为关键。姚学镜向王同春极力劝说报效渠地的必然性和肯定性，说服报效后还可在大干渠上自由开小渠道，这时，刚好有人控告王同春谋杀陈锦秀一案，贻谷、姚学镜趁机向王同春施压，王同春被迫于清光绪二十九年（1903年）六月第一次交出中和渠、皂火渠报效垦务局，次年把义和、永和、老郭渠（今通济渠）报效垦务局，两次交出大干渠5条，支渠270条，熟地8000顷，荒地万余顷，公中（牛犋）18处，得补偿银32000两。

进入中华民国时期后，通济渠道淤积不堪。民国八年（1919年）春，五原县垦务局王济若局长倡议集资办水利，向王同春等大地商集资3万元，用于通盘整修通济渠，并由王同春负责勘测设计工作和具体领导施工。工程计划主要是把渠口接在与义和渠同一引水的套河上，渠道于1919年6月26日放水，据王同春计算，当时通济渠"渠底宽四丈三尺，口宽四丈八尺，深六尺。一昼夜行水一百二十里，每日可灌田四十顷"（见《调查河套报告书》）。此后历年，由于管理制度的变更，管理不善，渠道时修时淤，支渠开挖不少，灌溉面积增加得不多。

民国九年（1920年），北洋军阀蔡成勋部第一师旅长杨以来在后套驻扎，见渠道包租有利，假借商人名义组织灌田公社，强行统包八渠官办，一味征收水租，不投资修渠。贪利忘义，致使渠道淤废，拖欠租款10万余元。百姓怨声载道，经官绅力请整顿，于民国十一年（1922年）收回租地，改归汇源水利公司及兴农社承担。当时五原地方人士，鉴于之前承包的弊害，力图自振，将丰济、永济、刚目、沙河、义和归汇源公司承包，长济、通济、塔布归兴农社承包。并制定渠道承包章程17条，用来约束承包方。经办以来，修治各渠渐有起色，颇著成效。

民国二十四年（1935年）6月间，绥远省建设厅测量队测量，通济渠梢疏浚56里，计挖土方30万立方米。但因经费无着落，终未能实现。此时全干渠上开挖的支渠已发展到142条，灌溉面积约有3000顷，但常年的保证灌溉面积不到此数。通济渠原无其他建筑物，仅在晏安和桥建有汽车桥1座，约宽两丈，较坚固，过往车辆无阻。同年（1935年）7月23日，黄河水涨，五原，丰济渠、沙河渠、通济渠相继决口成灾。

自1925年到1950年初，流经五原县境的通济、义和、沙河、皂火、丰济干渠和复兴、塔尔湖、什巴、黄家等分干渠，都是从黄河开口引水。洪水入渠无法节制，水旱灾频繁，春天河开流凌，决口淹没房地，夏天洪水泛滥，青苗被淹。为此农民在一年水利的养护上，花费人力、物力以及灾害损失，无法估计。究其原因，还是因为工程简陋、管理方法原始。

1949年前，自流引水、清淤防汛任务繁重，每当春天捞河口，艰苦异常。水大分洪泄水又多危险，渠道多弯曲，冲刷力强，险情也大，管理养护倍加困难。

二、新中国成立后通济渠的改建与升级

1949年前义和、通济两渠引水口在黄河惠德成张银维河头上，但黄河时有变化，经常出现进水不畅。为争取水源，1950年春黄河解冻后，绥远人民政府陕坝专署水利局会同五原县水利局负责人以及工程技术人员勘测渠线从锦秀堂至白银赤老开挖新引水渠约18公里。经陕坝专署批准，由五原县动员军工及部分民工进行开挖，引水渠底宽20米，深均为2米，施作土方86.4万立方米。

1952年春，黄河解冻后套河南移，白银赤老引水口被淤积，为解决当年小麦与其他作物灌溉用水，将原引水口下移在白银赤老南柴二河头处，距工房子3.5公里的套河上，开挖新引水渠全长2公里。宽约16米。深约1.5米。由五原县动员民工进行开挖，施作土方4.8万立方米。此引水口开挖后进水条件得到改善，基本保证了灌溉用水。

1953年大旱，春，该引水口处套河南移，引水口进水减少，而原引水口处的套河有北移的趋势。初春又动员民工捞挖了原引水口，捞挖后5月初进水甚少，在6月22日放水时日均流量3.2立方米每秒，进水量难以保证夏作物的灌溉用水。为挽救干旱局面，五原县党政领导请示上级领导，特邀苏联专家尼古拉耶夫等人一行，由沈新发、赵家朴陪同来五原县，绥西专署水利局、五原县党政领导及工程技术人员随同前往白银赤老原引水口勘察情况。

根据当时套河水情，苏联专家提出：为不使套口来水轻易从尾部流出去，并节省大量柴草工料，采用三角马槎打坝法（用木杆绑成三角形，一组挨一组排放，再在其上横绑数根椽子，然后放上笆

子,以用水内泥沙进行淤堵)堵打套河。同时动员民工捞挖白银赤老原引水口。正在进行中黄河水位急剧下降,套口进水相继减少,该项打坝工程未全部完成,引水口进水难以灌溉,所以头水小麦只浇了很少部分,直到6月29日黄河水位才开始回升,引水口进水逐渐加大,才使大秋作物得到灌溉。

1954年春,根据绥西合口引水精神,将长塔联合引水渠接入义和引水渠,进行合口引水。形成合口引水趋势的原因有三:"一是1952年解放闸建成,合并黄济渠、杨家河、乌拉河3干渠统一使用1个引水口,有很多优越性值得借鉴;二是在抗旱中证明,处在较上游的渠口引水效果更好,较小引水口不依附大引水口几乎引不进水来;三是1953年冬各干渠都实行建草闸关口,不流冬水,并在闸前开挖泄水渠,防止引水渠淤积。但各泄水渠流水对下游附近干渠口都有影响,证明各引水口之间没有一定的泄水距离是不行的,迫使人们非考虑合理并口不可。"长塔、义通两引水分水枢纽地点在锦秀堂,西侧为义通引水渠,东侧为长塔引水渠。1954年后将锦秀堂枢纽至义和、通济两渠分水处(王金东村西北)4公里处改名为"义通引水渠",将锦秀堂枢纽至原长塔联合分水闸(土城子)6公里改名为"长塔引水渠"。从此结束了义通、长塔两渠单独开口引水的局面。

1954年,复兴渠办事处和晏江、五原、安北水利局同时撤销,分别成立丰复、义长灌域管理局。原"义长"二字以义和、长济两渠各用前一字,"丰复"二字以丰济、复兴两渠各用前一字。在二字后加了一个渠字,以合口后的渠名报请河套行政公署批准,分别命名义长局、丰复局,管理局是一级管理机构,直接受河套行政区水利局领导。塔尔湖、什巴、新皂火、旧皂火、沙河、复兴三闸、复兴四闸、丰济渠管理段由丰复局管辖。义和、通济、长济、塔布、华惠、民和渠管理段由义长局管辖。各干渠节制闸，渠道、草闸等修建由局工程科负责。水权集中，消除了各自分管的弊端，通济渠的发展也进入了全新的时期。

为改善引水条件，1958年秋经巴彦淖尔盟各级相关领导会同丰复、义长渠相关人员商定：义长渠引水口上接丰复渠引水口，争取水源，于1959年春两口合为一口引水，合口后为统一调度各渠用水、统一管理。于1959年1月撤销丰复局合并于义长局，成立通济管理段。引水渠和主要分水枢纽建筑物（草闸）由工人组负责管理养护、调水量。

1956年起，通济渠开始对阻水最严重的弯曲渠段进行了整修，于1964年春经管理局、段共同勘测设计，将阻水弯道四虎兴村西北至喜娃圪卜村东南长约4.5公里的弯段进行裁弯取直，而大部弯曲渠段仍维持现状。为配合全盟乡农田水利规划，1956—1965年，农田水利建设统计表统计通济渠灌域内，新开挖支斗渠70条，农毛渠220条，平整土地面积8.10万亩，缩小地块（2～10亩）30.36万亩，补建支斗口柴草进水闸799座，施作土方量562.70万立方米，用工日65.27万个，柴草201.10万公斤。

20世纪50年代，通济渠调节水量建筑物只有口部，于1958年新建柴草结构进水闸1座，全渠没有调水节制闸。灌溉期间一般采用续灌，若渠内水位下降不能及时回升，有些高渠高地实难灌溉，须经管理部门和全渠用水单位共同议定在渠内适当位置坐土坝，按议定时间进行轮灌。这样做对正常管养渠道有很大影响，有不少挖不净的坐坝土留在渠内，淤积渠身，在用水时间上不能灵活掌握。在改建、扩建中根据农、牧、林生产的需要，按渠系规划，经管理局、社队共同实地勘察，议定建节制闸位置，由管理局设计，报内蒙古自治区水利厅、巴盟水利处批准，于1966年在通济干渠14.75

公里处，兴建钢筋混凝土第一节制闸，同年在通济干渠 30.92 公里处兴建钢筋混凝土第二节制闸，闸建成后因启闭机未买到，利用导链启闭 30 年后，才改用 3 台手摇 5 吨启闭机进行启闭。

1967 年，在干渠 40.329 公里处兴建钢筋混凝土第三节制闸。1973 年，在干渠 54.900 公里处兴建钢筋混凝土第四节制闸。1977 年，在 61.935 公里处兴建钢筋混凝土第五节制闸。

1991 年，在干渠 65.000 公里处建"一"字形尾闸 1 座。6 座节制闸全为当时的义长管理局（现内蒙古河套灌区水利发展中心义长分中心），局、段设计组织施工。该渠进水口在总干渠 128.55 公里处，第四分水枢纽处引水，由内蒙古黄河工程局一处施工，于 1966 年秋动工至 1967 年竣工，将原柴草进水闸废弃，新建 3 孔（每孔 2.5 米）的钢筋混凝土进水闸，原安装 10 吨手摇启闭机 3 台，后改用 2.2 千瓦电动启闭机进行启闭。

扩建、改建中通济渠由口至梢兴建进水闸 1 座，节制闸 6 座，铁桥工座，公路桥 4 座，生产桥 12 座，扩建、改建工程施作土方量 79.66 万立方米。浆砌石 3025.3 立方米，混凝土和钢筋混凝土 2171.3 立方米，用工日 16.04 万个，柴草 6.31 万公斤，国家投资工料费 65.54 万元。

为逐步满足通济渠中、下游灌溉用水，按照"六五"渠系规划，从 1965 年开始，对通济渠进行了分期分批改建和扩建。经管理局、段勘测设计，报上级批准，在 1965 年春将杨家圪旦、人头树、梅家圪旦、王五儿圪旦等处的弯曲大、渠堤低、输水不畅，以及在用水期间水小难以满足中下游灌溉用水、水大易出险的段落，由五原县动员民工，管理局、段共同组织施工，裁弯取直、加固渠堤长 6 公里。后因过水断面小，渠堤单薄且低，部分渠段弯曲阻水严重，为保障乌拉特前旗的长胜、树林子、各扬水站输水畅通，于 1966 年春秋两季，由五原、前旗动员民工，义长管理局、段组织施工，将通济第二节制闸处刘红眼村南至观灯圪旦村南渠段，进行了劈宽、加固，裁弯取直15公里。

同年春，因决定义和渠跨越总排干给乌北输水，按规划弃用南梢（菅三壕），为解决原引南梢水的王毛匠圪旦、马双在、韩三等村，以及建丰农场的灌溉用水，将义和渠的南梢改接通济渠第二节制闸上引水，称为通济渠左二支渠（于1974年后改为和胜分干渠）。

通济渠焦心牛圪旦至马二圪旦长11公里的渠段，由于渠身弯曲，阻碍输水，常有险情出现，为确保安全行水，在1966年秋经管理局、段勘测设计，报盟批准，于1967年春，由乌拉特前旗动员民工，管理局、段组织施工，进行了裁弯取直，加固渠堤。同年3月，总干渠第四分水枢纽（简称四闸）建成，通济渠从此取水，进水闸于（1966年建成），当年即投入使用，结束了通济渠草闸取水的历史。

原乌拉特前旗树林子乡（公社）的王广和、高炮台等村原引用义和渠南梢水灌溉，而小昌汗、粮地、四柜、宠三圪堵、刀老壕、换朝圪旦、什兰计等村原引用长济北梢水灌溉，在20世纪50年代，通济渠梢部水送至张营长渠口、长济渠北梢尾部，有时上述地区混合使用两渠来水，供水在量上和时间上都没有保证，所以该地区的农田灌溉用水十分困难，很难用上适时适量的水，尤其浇头水小麦，上中游浇完头水将要浇二水时该地区才能勉强浇头水。

为了解决该地区用水，乌拉特前旗水利局领导及工程技术人员与义长局领导及工程技术人员进行实地勘查，对该地区的引水方案进行分析比较。原长济渠北梢给该地区输水，水位低，加之渠道纵坡较缓，输水困难，实难保证灌溉；而通济渠梢部来水，水位高，渠底纵坡也比较好，便于引水灌溉，故议定将长济渠尾部切断，通入通济渠梢部。由义长局进行勘测设计整修方案，报盟批准，由乌拉特前旗动员民工，义长局、段组织施工，从 1966 年秋开工至 1967 年春，连同入乌梁素海的通梢工程，开挖全长 16.4 公里。从此该地区的灌溉用水得到根本保证。

后又陆续进行了一些渠道改造，于 1971 年将天义成村东南方向至晏安和桥的通济渠段弯道取直 3 公里。于 1975 年进行了从喜娃圪卜公路桥北至德厚成村南裁弯建正，加固渠堤 5 公里。于 1976 年又将西独贵村西南渠段身建正长 4 公里。通济渠尽管经过几年的扩建、改建，绝大部分渠身过水畅通无阻，但仍有部分过水断面不规则，渠堤单薄且低，特别是第五节制闸下的渠挡淤积十分严重，为安全行水于 1977 年又再一次对三闸下至五闸下分段施作了整修、清淤、加固工程。

虽然通济渠在扩建前后至 1980 年间，每年都会进行施作岁修、养护工程，但由于通济灌域 1981 年后因耕地面积不断扩大，需水量增加，要求供水相对集中，每年不仅都会对干渠上的节制闸进行维修养护，还对个别运行多年、已成险闸不能继续运行的支渠进水闸进行重建。其间重建了左三支渠进水闸、左四支渠进水闸、样板支渠进水闸（原郝四渠进水闸），在 1989 年对干渠四闸进行了大修。为了输水安全，在 1991—1992 年完成了专项加背、护岸工程。

1986—1997 年，除世行贷款配套工程外，还完成了岁修专项工程 6 项，专项费用及岁修养护工程 46 项，并在 1996 年春季造高秆林 8000 株。

总体上，通济渠按照渠系规划的要求。以民办公助的方式，对直口、较大支渠、干斗渠，按渠级进行了扩建、改建，并对不符合规划的支渠进行改造。渠系配套基本上是采取管理所协助勘测设计，收益社队动员民工且组织施工。经过几年渠系配套建设，配套工程分期分批完成，共建较大支渠进水闸22座，节制闸31座，斗口进水闸88座，桥39座。

通过几年的干渠扩建、改建以及渠系配套建设，将原为地下渠的水位低、水流不畅、高渠、高地用水困难的通济干渠灌溉系统改建为地上渠的高水位输水畅通且量足，改变了99%以上的支斗渠用水困难局面。虽然仍有个别的村社因渠地较高，用水仍有困难，但通过改善灌水方式使其得到解决，如五原县城南，该渠上游的几个社队有部分高地，在下游用水期渠内水位低不能引灌，耽误农时，为补救此困难，管理部门经常采取上下游互相配合用水，且从口部加大引入量给予解决。所以扩建后基本保证了灌域的农、牧、林业适时适量用水。

三、通济渠的建设成果与功能效益

经过几代水利人的接续奋斗，目前通济渠长67.85公里，从总干渠第四分水枢纽开口引水，口部设计引水流量38立方米每秒。多年平均引水量2.55亿立方米，全年行水152余天。通济渠跨越五原县胜丰镇、隆兴昌镇与前旗新安镇汇入乌梁素海，担负五原县胜丰镇、隆兴昌镇、和胜乡、乌拉特前旗西小召、新安镇5个乡镇以及3个国有农牧场、27个行政村以及4个农场、140个村民组的供水任务；控制面积78.91万亩，灌溉面积54万亩（其中引黄灌溉面积54万亩）；灌域农业人口占90%。灌域内以种植小麦、玉米、葵花和瓜类为主。近年来，随着农业结构的调整和农业生产技术的提高，蜜瓜、番茄、小菜籽等经济类作物的种植面积不断扩大，并且套种指数不断加大，粮、经比例为45：55。

通济渠上共有建筑物112座，包括：节制闸6座；桥梁19座，其中铁路桥2座、公路桥3座、生产桥14座；直接引水的各级直口渠共133条，其中，分干渠1条、支渠11条、斗渠36条、农渠34条、毛渠9条、田渠42条。唯一一条分干渠——和胜分干渠全长9.8公里，位于五原县和胜乡中部，南起通济渠长度20.983公里，口部设计流量10立方米每秒。和胜分干渠灌溉范围，西至义通排干，东至总排干南至通济渠，北至农场支沟，毛灌面积19902.48公顷，担负着五原县和胜乡中部的灌溉任务。在节水改造方面截至目前，通济渠已完成衬砌渠道长度49.429公里，衬砌率达73%。

通济渠处于中纬度地区，远离海洋，具有显著大陆性气候特征。冬季严寒少雪，夏季高温干旱，日温差、月温差、年温差均较大。这里多年平均蒸发量为2041毫米，多年平均年降雨量为177.5毫米。属干旱、半干旱地区。全年平均日照时数为3231小时。灌区地下水以潜水为主。地势低洼，黏土覆盖层厚度较大的地区有半承压水存在。灌溉水是潜水主要补给源，其次是降水。可以说，这是一片没灌溉就没有农业的地区。通济渠的开挖和运行有效保障了灌域内的农业生产及生态环境。

引一渠清水，灌一方良田。通济渠作为河套灌区的"血脉"之一，既延续着千年的灌溉文明，也承载着乡村振兴的使命。未来更需要以科技为笔，以生态为墨，书写新时代"塞外江南"通济的治水新篇章。

长 济 渠

杨开昌

2019年9月4日,河套灌区被列入世界灌溉工程遗产名录,成为古代水利工程可持续利用的典范。河套灌区为国家和自治区的发展作出了巨大贡献,十三大干渠功不可没,长济渠位列其中。从清同治十一年(1872年)长胜渠开挖开始算起,长济渠距今已有150多年的历史。这期间,长济渠为农业发展、粮食增产、农民增收作出了巨大的贡献。长济渠作为河套灌区灌溉系统的重要组成部分,承担着重要的灌溉使命,对内蒙古农业生产和经济社会发展具有重要意义。

一、新中国成立前的长济渠

长济渠原名长胜渠,于清同治十一年(1872年)为地商侯双珠、郑和等人共同开挖。该渠原本是短辫子壕与塔布河之间的天然沟道，侯、郑在开挖老郭渠的影响下，在塔布河西二里黄河上直接开口，利用一段天生壕，经大北淖至东槐木，开挖生工渠50里，历时7年。侯双珠因年老成疾病故，由其侄子侯应魁继续挖渠事业，再向东北接挖，经大有公、昌汉淖以入乌加河，长计32里，费时8年。清光绪二十五年（1899年），商号德恒永自树林子接挖，经二小览堵、宿亥淖入乌加河，计长32里。因该渠宣泄不畅，侯应魁特邀王同春帮助解决。王同春所勘测的退水路线，自圪生壕境，由旧那林河转入乌梁素海，计长28里。清光绪二十九年（1903年），渠口淤澄，灌溉陷于停滞状态。清光绪三十二年（1906年），贻谷将该渠收归官有，拨专款重新修挖渠口，上接水源，自黄河起至刘召儿房后与旧渠衔接，计长16.5公里，水流较畅。遂将长胜渠改名为长济渠。民国初，北洋军阀统治，无人投资兴修水利，渠道废弛。民国十七年（1928年）绥远省建设厅接管后，贷款两万元将全渠由口至稍进行洗挖，费时3月之久。渠道疏浚后，水量增加。此时，全渠长55公里，宽14米，渠稍宽10余米，上游水深常在1.7米以上。此后20年，因经费拮据，渠道建设无甚建树。总的情况是，不断修复，不断挖口，未曾断流。民国十三年（1924年），全干渠所属支渠共有21条，计长60.5公里。至民国二十一年（1932年），支渠发展到77条，共长93公里；又经两年，有支渠181条，共长270公里。而历年灌溉面积虽号称3000顷（合30万亩），实际只有数百顷。据安北县档案资料载，民国十七年至三十年（1928—1941年）丈青及耕地面积在172~542顷（平均41010亩）之间。

新中国成立前的长济渠体现的第一个关键词是地商。按照河套文化研究名家张志国的说法，河套地区水利开发的历史演变经历了屯垦水利、雁行水利、地商水利、军工水利、民工水利五种基本方式。清末至民国初期出现的以地商为中心的民间社会组织，承担了开发河套水利网络的重任，建设了河套八大干渠，这些干渠成为河套地区引黄灌溉水利工程的骨干，使河套水利渠系日益完善，土地得到大面积开发，河套地区开始变为稳定的农区，进而成为"塞外米粮川"，造福当时，泽被后世，直到现在。地商的前身是清代乾隆年以后来河套做生意的"旅蒙商"。这些人渐渐在河套定居下来做生意，多以包头为据点，开设商号，而后与蒙古王公联合开发水利，投资开垦土地，与蒙古王公同分地租。旅蒙商的本业在清末没有发展的空间，他们受到俄、英、法、美、德等商业势力的排挤，纷纷破产。于是，他们将资本转移到农村，投资开渠，垦荒收租，成为地商。河套地区土地平旷，临近黄河，大片沃野有待开发，投资者可在短时间内获得暴利，于是大批投资者奔走相告，纷纷聚集到这里。地商集水权和地权于一身，形成以地商为中心的共同体；"公中"和牛犋等扁平式的管理方式将农民牢牢控制在土地上；地商还利用高利贷控制地户；渠务由渠头管理，通过邻里间的监督，从而低成本地防止了"搭便车"的行为；农业与商业的结合，减少了地商收租的难度和利润损失。在清末，地商获得了蒙古王公出让的土地长期租赁权，将水权和地权集于一身，这是水利工程在社会组织主导下得以开发的重要条件。地商的典型代表就是王同春。有史料记载，从清同治到光绪年间，王同春独立投资开渠5条，包括刚济渠、丰济渠、灶河渠、沙河渠、义和渠；又与人合伙开渠3条，包括通济渠、长济渠、塔布渠；这就是清末后套的"八大干渠"。在此基础上，他还挖通了270多条支渠和无数条小渠。经过修挖和调整，"八大干渠"到民国时期发展成为"十大干渠"。王同春在后套开渠总长达到4000多公里，可浇灌土地110多万亩，成了富甲一方、名噪一时的富商大贾。

第二个关键词是渠化。"河"是自然形成的水道，"渠"是人工开辟的水道。"渠化",简单来说,就是将天然河道沟壕变成人工河渠。从清末到中华民国,河套地区每条干渠的开挖,都经历了从"河化"到"渠化"的演变。永济渠,原为巴彦淖尔市临河区境内的一条天然黄河岔流,名叫刚目河,也叫刚毛河;通济渠,原为五原县境内的一条天然河流,名叫短辫子壕,长10公里;长济渠,原为乌拉特前旗境内的一段天生壕……"河化"到"渠化",体现了河套人民遵循自然规律,善用自然之力。

二、新中国成立后的长济渠

新中国成立后,共产党带领河套地区各族人民兴修水利,彰显了全心全意为人民服务的根本宗旨,河套灌区灌溉工程进入了全面创建和科学发展阶段。国家对河套灌区灌溉系统进行了大规模的改造和升级,长济渠也得到了进一步的改造和升级,灌溉能力和效率得到了显著提升。新中国成立后,当时的安北县(1958年并入乌拉特前旗)为解决长济、塔布两渠引水难的问题,于1950年春,将长塔引水口合并上接到义和渠旧引水口处,1952年又将长塔引水口上移到原义和渠惠德成旧口套河上。1953年3月下旬,在长塔联合引水渠的胶泥圪旦处新建柴土结构的束水闸、泄水闸各1座。1954年春,黄河解冻后,主流南移,引水套河即将断流,遂将引水口移至五原白银赤老东南之套河上。同年夏灌因进水不足,长塔引水渠又与义通引水渠并口引水。近几年引水口不断向上移动,确保该渠1952—1954年灌溉面积不少于23万亩。1954—1961年,义长引水渠每年捞口,隔年上移引水口,才能勉强满足灌溉需水。此时,长济渠灌溉面积已发展到27.3万亩,但青苗保灌面积不足70%。

1962年春，义长引水渠正式开始从总干渠第二枢纽下引用总干渠水，至此结束了长塔渠自流引水灌溉的历史。1967年春，总干渠全线疏通，总干渠第四枢纽工程也建成。长济渠正式通过新长塔分水闸自总干四闸上直接引水灌溉。长济渠引水条件虽得到了较大改善，但输水渠线曲如走蛇，渠长淤澄，冲刷严重，防汛、洗渠任务很大。故按照内蒙古水利水电勘测设计院规划队1966年提出的改线方案，进行修改设计，因限于劳力、物力、财力，1967—1968年仅实施了长济渠上段的改建工程。新渠线自郝平圪旦起，长约16.7公里，同时修建钢筋混凝土节制闸2座，交通桥13座，支渠口闸5座。据乌拉特前旗水务局统计资料，长济渠1971—1973年有效灌溉面积平均为30.75万亩。1976—1977年将长济渠下段改线出稍至乌梁素海，新渠线长25.7公里，新建干渠节制闸3座，交通桥9座，架设通信线路34公里；这两年实际灌溉面积分别为31.16万亩（其中夏灌面积16.81万亩）和29.11万亩（其中夏灌面积19.17万亩）。1978年对新渠段进行整修加固，全线改建后的长济渠输水线路缩短流程8.8公里，其改建标准为全灌区之冠。改建后的长济灌域呈矩形状，西起西小召与五原交界，东至乌梁素海西岸，南自长塔排水干沟，北基本止于通长干沟，但付恒新支渠和长济北稍暂仍给通济灌域补水。1980—1987年灌域没有进行大的改扩建，但渠道配套建筑物不断完善。至1988年，长济干渠先后建成节制闸5座，退水尾闸1座，交通桥22座，建有直口渠道20条，支渠（干斗）口闸18座。1988年长济灌域列入世界银行贷款项目区，基建工程从1989年正式开始实施，到1991年基本完成。田间配套工程随后陆续开工建设。项目区全部工程完成后，长济渠灌域支渠以下渠系发生了较大变化，有不少斗农渠重新布设，改变了原来的走向，田块进行大规模整修，新建配套了斗农渠节制闸、斗农毛口闸和各级渠道桥涵等，基本按"八三"规划进行设计并实施配套工程，使灌域渠系各类建筑物配套程度有了较大提高。2003—2006年国家投资对干渠19+000～23+000段实施节水衬砌工程，2004年新建六闸，2005年翻建三闸，2006年翻建二闸，并对一闸进行大修，2006—2008年又对干渠16+700～19+000段实施节水衬砌工程，2008年对干渠0+400～0+850段实施膜袋护岸防冲工程，2009年对干渠44+000～53+500段用机械进行清淤。至此干渠修整完好，运行顺畅。现在的长济渠工程结构主要包括渠道、节制闸、桥梁、直口闸等设施。渠道是长济渠的主体部分，负责输送灌溉水源。节制闸用于调节渠道中的水流量和水位，确保灌溉水的合理分配和高效利用。桥梁则横跨渠道，方便交通和人员往来。直口闸则用于将渠道中的水分配到各个支渠和农田中。此外，长济渠还配套建设了各种树木和防护林带，以改善渠道周边环境和防止水土流失。

  长济渠和总干渠也有着密切的联系。总干渠，俗称"二黄河"，是河套灌区"一首制"引水工程的重要组成部分，其以黄河三盛公水利枢纽为渠道引水，到乌拉特前旗三湖河先锋闸止，全长230公里，是河套灌区输水、配水的大动脉，是黄河流域流量最大的人工开挖输水渠道，河套灌区因此成为亚洲最大的"一首制"自流引水灌区，滋润着千万亩良田。1958年，总干渠动工开挖。1967年，河套人民在艰苦的岁月用锹挖肩挑的方式接通总干渠与三湖河干渠，全线通水。总干渠的开挖有着深刻的历史原因。20世纪初，河套灌区由八大干渠演变为十大干渠，多条开口渠从黄河上引水，基本保障灌溉了河套全部的土地，但同时暴露出许多问题。一方面，各渠道从黄河引水，会受黄河水流大小变动的影响。黄河水量小时，水流难以进入渠道，无法灌溉农田，旱灾导致农民歉收或者绝收；黄河水量大时，洪水漫过渠道，淹没大量的土地、道路，造成洪涝灾害，农业发展迟缓，农民流离失所，损失惨重。另一方面，灌溉设施整体不配套，年久失修，长期处于有灌无排的困境，河套地下水位迅速上升，农民淌水不打地堰，造成大水漫灌，土壤盐碱化日趋严重，当时群众称此为"水臌病"。因此，总干渠的开挖最大限度满足河套灌区各地的用水需求。1963 年，总干渠第一分水枢纽竣工，该枢纽由泄水闸、船闸、黄济闸及杨家河、乌拉河、清惠渠、南一分干渠等的进水闸组成，主要为磴口县的部分土地、杭锦后旗解放闸灌域的土地进行输配水。1961 年，第二分水枢纽竣工，该枢纽由节制闸及永济渠、北边渠、南边渠、泄水渠闸以及黄济渠、合济渠闸等组成，主要保证解放闸灌域和临河永济灌域的输配水。1965 年，位于五原县原民族乡的第三分水枢纽正式运行，该枢纽由节制闸、丰济渠进水闸、复兴渠进水闸、南三分干渠进水闸及泄水渠闸等组成。1967 年，第四分水枢纽在五原县原锦旗乡境内开始运行，由节制闸、义和渠进水闸、通济渠进水闸、长塔渠进水闸、南四分干渠进水闸和泄水闸等组成。乌拉特前旗的引黄灌溉动脉都源自总干渠第四分水枢纽。可以说，黄河是总干渠的源头，而总干渠又是现代长济渠的源头。

　　长济渠和排干的关系也十分紧密。总干渠挖通后，由于灌溉更加便利，河套灌区人口不断增加，越来越多的荒地被开垦成耕地，灌溉面积迅速扩大，农田退水的出路便成了大问题。河套农民有"大水漫灌"的习惯。"水从门前过，不淌意不过"，用水也就无节制。这样一来，排不出去的水就更多了，盐分大量沉积在灌区内。资料显示，当时巴彦淖尔的 570 万亩耕地中，310 万亩有不同程度的盐碱化，其中有 50 万亩因盐碱化严重而弃耕。再以五原县为例，1949 年耕地面积为 126.6 万亩，1975 年成了 104.8 万亩，即在 26 年中，因盐碱化严重，弃耕地就有约 22 万亩。为了解决灌排问题，河套地区从 20 世纪 50 年代末就开始挖排干工程，陆陆续续做了 10 年。虽说总排干通了，可是那时候挖的标准低、规模小，流水不畅，达不到排水的要求，用不了几次就淤了，群众无奈地戏称总排干为"白干渠"。1974 年 5 月 17 日，内蒙古自治区委任命李贵为巴彦淖尔盟委第一书记。1975 年 10 月 25 日，巴彦淖尔盟作出《关于疏通总排干和十大排干的决定》。1975 年 11 月 7 日，扩建疏通总排干和十大干沟工程在西起杭锦后旗太阳庙公社、东至乌拉特前旗乌梁素海全长 240 多公里的总排干上全线开工。1976 年 1 月 20 日，巴彦淖尔盟庆祝疏通总排干竣工大会在临河召开。总排干疏通的同时，由各旗县自己负责组织施工的二排干沟、三排干沟、四排干沟、五排干沟、六排干沟、七排干沟、皂沙排干沟、义通排干沟、八排干沟、十排干沟（当时称十大排干）也疏通了，尽管标准不高，但毕竟通了，能排出去水了。河套灌区基本上实现了有灌有排。河套灌区排水系统运行近 60 年来，通过总排干沟累计排入乌梁素海水量 245 亿立方米，排盐 4063 万吨，通过乌梁素海出口排入黄河水量 119 亿立方米，排盐 3014 万吨。不仅为控制灌区地下水位、调节水盐动态平衡、防治土壤盐碱化、改善土地质量和灌区生态发挥了至关重要的作用，也为全市农业增产、农民增收、农村稳定和河套地区的防洪排涝作出了巨大贡献。长济灌域位于乌拉特灌域的北部，西起总干渠第四分水枢纽，东抵乌梁素海西岸，北以八排干沟为界，南以九排干沟为界，东西长约 55 公里，南北宽约 10 公里，总土地面积 51.65 万亩，发展净灌面积 41.32 万亩，现灌面积 39.5 万亩。八排干和九排干最终流入乌梁素海，成为其重要的补给水源。

　　长济渠对乌拉特前旗的经济社会发展起着重要的促进作用。乌拉特前旗位于内蒙古自治区西部，河套平原东南端，地处呼、包、鄂"金三角"腹地,是巴彦淖尔市的"东大门"。乌拉特前旗总面积7476平方公里,辖11个苏木镇、5个农牧场、93个嘎查村,总人口34.3万人。乌拉特前旗资源丰富,有矿产资源40多种。乌拉特前旗是自治区农产品质量安全县,既有肥沃的黄灌区,又有广袤的山旱牧区,日照充足,水资源丰富,耕地面积346万亩,草牧场635万亩,是绿色、有机农畜产品生产加工基地,巴音花肉羊、先锋枸杞、明安黄芪、后山小杂粮等特色农畜产品享有盛誉。旗内有大面积的乌拉山原始森林,森林覆盖率15.95%,有野生动物资源280属、503种。旗内蕴藏着丰富的水资源,有大小湖泊65个,总面积58万亩;黄河过境153公里,年引黄河水4.3亿立方米。乌拉特前旗景色秀美,旅游资源丰富,境内有全国八大淡水湖之一的"塞外明珠"乌梁素海,雄奇秀美的国家级森林公园乌拉山大桦背,小佘太秦长城,三顶帐房秦汉古城遗址等。长济渠承担着乌拉特前旗西小召镇、新安镇和新安农场的灌溉任务。而这两个镇得益于长济渠的滋养,民阜物丰,欣欣向荣。西小召镇位于乌拉特前旗西缘,距旗政府35公里,南与鄂尔多斯杭锦旗隔河相望,西与五原县相邻,北与新安镇为邻,东与乌拉山镇相接。交通便利,地理位置优越,具有"三纵、三横、六大出口"(三纵:西甘铁路、西五公路、110国道;三横:包兰铁路、京藏高速公路、西出口公路;六大出口:每条交通要道都留有出口)独特的区位优势。全镇总面积551平方公里,其中耕地39万亩,是一个以农牧业为主、农牧林副渔产业及集市贸易综合发展的建制镇。新安镇位于乌拉特前旗北部,地处河套平原最东端,东临"塞外明珠"乌梁素海,境内地势平坦,110国道、新苏公路从境内通过,交通便捷,地理位置优越。全镇地域面积569.64平方公里,耕地面积49.37万亩,盛产小麦、玉米、葵花和番茄等,养殖有猪、绵羊、山羊、西蒙塔尔牛、肉驴等，是乌拉特前旗传统农业大镇。富足的农畜产品资源为发展提供了优越的物质条件，各村根据立地条件，因地制宜发展经济，带动村民就业增收。

三、新时代的长济渠

长济渠作为河套灌区灌溉系统的重要组成部分，承担着重要的灌溉使命。在灌溉季节，长济渠将黄河水引入农田，为作物生长提供了必要的水分条件。通过合理的灌溉制度和灌溉技术，长济渠确保了农田的充分灌溉和作物的正常生长，为内蒙古农业生产的稳定发展提供了有力的保障和支持。长济渠从长塔分水闸引水（长塔渠从总干渠第四分水枢纽开口引水，渠长5.8公里），渠道设计流量为29立方米每秒，现状引水流量26立方米每秒，全长53.5公里，有节制闸5座，桥梁19座（其中公路桥2座），直口闸97座，干渠、分干渠现有各种树木62886株，渠道无林空白段占总长的3%。长济渠通过提供充足的灌溉水源和先进的灌溉技术，提高了内蒙古农业生产的效率和质量。在灌溉季节，长济渠能够确保作物生长所需的水分条件，促进作物的快速生长和高产稳产。同时，长济渠还注重灌溉技术的创新和推广，如滴灌、喷灌等节水灌溉技术的应用，提高了水资源的利用效率和农业生产的可持续发展能力。尽管长济渠的管理工作取得了一定的成效，但仍存在一些问题和挑战。例如，部分渠道设施老化严重、存在安全隐患；灌溉水源不足、水质不稳定等问题时有发生；灌溉过程中的水资源浪费和土壤盐碱化问题仍需进一步解决。此外，随着现代农业的发展和农业结构的调整，长济渠的灌溉需求也在不断变化，如何适应这些变化并满足新的灌溉需求也是当前面临的重要挑战。为了进一步提高长济渠的灌溉能力和效率，应加强对灌溉设施的改造和升级工作。例如，对老化严重的渠道设施进行更换或加固处理；引进和研发新的灌溉技术和设备；优化灌溉网络布局和结构等。通过这些措施，可以确保长济渠的灌溉设施更加完善、高效和安全。2024年，内蒙古黄河干流水权盟市转让二期工程长济灌域长济干渠系统渠系工程全面开工建设，各项工程有序推进中。该工程群管工程总投资11472.34万元，建设防渗衬砌渠道24条，总长56.548公里；配套建设各类渠系建筑物441座，其中重建436座，改造5座。预计2024年底主体工程全部完工。2025年，完成竣工验收。工程实施后，将改善当地灌溉条件，为粮食增产、群众增收创造条件，可节约水量403.51万立方米。

长济渠作为河套灌区灌溉系统的重要组成部分，承载着重要的灌溉使命，在保障农业生产、促进农业结构调整、推动农业科技创新等方面发挥了重要作用。然而，随着现代农业的发展和水资源的日益紧张，长济渠也面临着诸多挑战和问题。因此，我们需要加强灌溉设施的改造与升级、推广节水灌溉技术、加强水资源管理与保护、推动农业现代化建设以及加强国际合作与交流等方面的工作，以推动长济渠的可持续发展，并为内蒙古地区的农业生产和经济社会发展作出更大的贡献。

塔 布 渠

范 磊

塔布渠，作为内蒙古河套灌区的重要水利工程，承载着深厚的历史底蕴与时代发展的印记。它起源于清光绪初年（1875年），由蒙汉地商共同合力挖掘，从最初的五大股渠，到历经清至中华民国时期频繁的历史变迁，因黄河改道、管理更迭而数次兴废。新中国成立后，塔布渠迎来了持续建设与蓬勃发展的新时期，历经多次大规模改建、扩建，不断优化升级水利设施与灌溉体系。如今，塔布渠已成为河套灌区不可或缺的"生命之渠"，持续为地区发展贡献力量。

一、塔布渠的历史起源

19世纪中叶，河套地区水利开发浪潮初起，黄河改道频繁，为这片土地带来了机遇与挑战。塔布渠位于内蒙古自治区五原县境东部的区域，因水系变迁而蕴含着巨大的农耕潜力。清光绪初年（1875年），地商樊三喜、吉尔吉庆、夏明堂、成顺长、高和娃等五股势力，敏锐捕捉到土地开发的契机，联合发起了塔布渠的挖掘工程，这条凝聚着集体智慧与力量的渠道，也因此得名"五大股渠"。

而追溯塔布河的形成，早在清咸丰十一年（1861年），黄河泛滥，汹涌洪水奔涌而下，下游大片洼地被洪水填满，并与尚未断流的北河相互贯通，经过漫长冲刷，一条崭新的河流——塔布河就此诞生。随着时间推移，这片洼地积水成湖，形成了如今闻名遐迩的乌梁素海，承载着当地人民对这片水域的深厚情感。

关于"塔布"之名的由来，蒙语中其意为"五"或"第五"，民间流传着诸如"五步之意，言其狭小也""五大股"等说法，但这些解释多缺乏严谨考证，难以令人信服。王喆在《后套渠道之沿革》中提出，塔布河或因是河套地区的第五条河流而得名，此观点颇具说服力。王喆作为王同春的第五子，自幼受家庭环境熏陶，又在江苏南通接受新式教育，对后套水利开发有着深刻见解。20世纪30年代，他赠予禹贡学会的《后套天然河略图》，为塔布河的命名提供了珍贵的历史依据。在塔布渠的修建过程中，"河套渠王"王同春发挥了关键作用。他选择在长济渠口东的黄河开口引水，将渠道与塔布河床相连，巧妙规划线路，经乌拉特前旗的李三长树、邓存店、圪蛇桥等地，开挖长达15公里的退水渠，最终注入乌梁素海。从塔布河到塔布渠，其发展历程不仅是水利工程的建设史，更是一部蒙汉人民携手并肩、共同开发河套的团结奋斗史，生动诠释了不同民族在生产实践中相互协作、共同进步的伟大精神。

二、塔布渠的发展变迁

（一）清代至中华民国时期

黄河自古以来（至少从汉代开始）在河套地区有北河与南河两支，北河是主流，南河是支流。到了清代，因为自然条件受到乌兰布和沙漠东侵的影响，黄河北河淤积断流，南河成为主流。随着时间的推移，在南北河二者之间留有很多天然小河流相连通，其较大者，自西而东为乌拉河、黄土拉亥河、刚毛河、皂火河，而塔布河与短辫子河相连可视而为一，后者正好是第五条天然河流，而且形成较晚。有记载，塔布河和乌梁素海的形成，改变了河套东部的地貌景观，也加快了北河淤积断流的速度。

清咸丰中叶，有汉人何里华者，在乌梁素海附近经营蒙古手工业，见地可种，遂筑坝挡水淤灌。在清同治二年（1863年），侯、田两姓也在塔布河中游两岸开挖些小渠，引河浇灌青苗。在此前后，河套中西部已相继开挖几条大干渠，减弱了黄河水势，从而减少了塔布河的水量而发生淤澄。到清同治末年（1874年），塔布河上游段基本淤死，下游段的地面积水逐渐蒸发渗漏，留下淤泥和死鱼虾等有机质，土质肥沃，吸引着无数垦荒者来此垦种。

清光绪初年（1875年）至清光绪七年（1881年），塔布渠不仅沿用了塔布河之名，更巧合地成为当时开挖的第五条大干渠，与永济渠、通济渠、长济渠和刚济渠共同构成河套水利的重要骨架，灌地1000余顷。

清光绪二十九年（1903年），经年累月的使用让塔布渠淤积严重，输水能力大减。地商于某挺身而出，从上达拉图向那林河重新修挖退水渠，长达30多里，干渠输水情况稍有好转。清光绪三十一年（1905年），塔布渠收归官有，贻谷委派专员周晋熙主持整修。周晋熙组织人力洗挖渠口，拓宽加深输水干渠，并计划裁去杨福喜店至邓存店处5里长的大湾子。两年间，耗资5万元后，整修工程终于完成，灌溉面积再度恢复到千顷以上。据周晋熙说"其渠身之良好，旱台之整齐，为八大干渠之冠"，还在圪蛇桥修建大桥，方便行人车马往来，虽这番赞誉难以考证，但塔布渠的焕然一新却真实可感。

进入中华民国后，塔布渠因疏于管理，连年失修，经十多年又行淤坏，灌溉面积减缩到400~800顷。渠梢至民国二十一年（1932年），又被乌梁素海上游来水淹没600多顷。此时塔布干渠长约62.5公里，拥有支渠123条，共长191里。塔布渠因位于河套灌区最下游，坡度过缓，故引水比较困难。该渠由口到梢，按照灌溉面积分水，一般分为九坝进行轮流灌溉。以后十余年，塔布渠无较大起色，只是年年要进行捞口或清洗渠道。民国三十一年（1942年），河套实行新县制后，成立了安北县水利管理局，对塔布渠进行了择要修挖加固，并开挖了部分支渠，干渠上的直口渠增加到326条，灌溉面积也相应增加。截至1949年，塔布渠长度为60多公里，一般年份灌溉面积为12万亩。

（二）新中国成立后

新中国成立后，塔布渠在"兴修水利，发展生产"的时代号召下，迎来了四次大规模改建和扩建。1950年，百废待兴之际，塔布渠与长济渠并口上移至义和渠旧口处开挖新口引水，以增加进水量。1953年夏，绥远省公安厅决定在安北县境塔布渠下游乌梁素海西岸建立地方国营安北机耕农场，计划发展耕地12.8万亩。为满足农场大面积增加灌溉的需要，安北农场受绥远省和河套水利部门的委托，对旧塔布渠进行了扩建。1954年春，将长塔联合渠继续上接，与义和、通济联合渠合并引水，以争取水位，加大进水量，使得近三年灌溉面积稳定保持在15.28万~16.18万亩之间。1955—1956年，对塔布渠包陕公路以上段进行清挖裁湾扩建，并根据灌溉需要，修建了草木结构的干渠进水闸、泄水闸、束水闸、支渠分水闸，共11座，生产桥2座。经过扩建，干渠缩短了6.8公里，并合了干渠直口63个，管理更加便捷高效，灌溉面积也增加到18万亩，到1961年更是突破21万亩，见证着灌区的蓬勃发展。

进入20世纪60年代，塔布渠的引水格局迎来重大变革。1962年，通过义长渠直接引总干渠水；1967年夏，借助新长塔引水渠从总干渠第四枢纽引水。长塔分水闸作为关键枢纽，由长济、塔布渠进水闸组成，采用钢筋混凝土箱涵式结构，设计流量长济渠为25立方米每秒，塔布渠达27.5立方米每秒。1966—1967年，塔布一、二闸改建为钢筋混凝土结构，同时裁直王牛面到葛蛇桥的湾子，大大提升了渠道输水能力与稳定性。

1971—1973年，塔布渠灌域有效灌溉面积从20.55万亩扩展到25.46万亩。1973年起，乌拉特前旗旗政府统一组织有关部门技术干部进行农牧林水机电村全面规划。改建了北边渠，将其划入塔布灌域，即从原总干渠布袋口子改建在塔布学校支渠口，上延13公里，使之成为塔布渠的一条大支渠，并建成钢筋混凝土节制闸2座，交通桥4座。1974年基本完成了黄灌区渠沟路林田五配套的初步规划。确定塔布渠裁弯取直，采用一渠向下输水、双向配水的规划方案。这一方案经上级批准后，于1975年秋开始勘测设计塔布渠下游改建工程，同年10月开始实施土方工程。本次改建干渠裁弯取直新渠线10公里，共建节制闸3座，交通桥6座。社队同时改建部分支渠口闸及其他配套建筑物。改建后塔布干渠缩短了2.3公里。1975年还在原一闸、二闸之间新建了新二闸，到1976年10月改建工程全部完成。

河套灌区"七七"规划将塔布北边渠、三支和四支三条大支渠升为分干级渠道。1976—1979年的实灌面积为27.765万亩左右。这期间夏秋田种植面积比例为49：51。河套灌区"八三"水利规划经水利部批准后，于1988年引进世界银行贷款进行全面配套，这次配套包括塔布渠全灌域。1988年实灌面积为27.8万亩。塔布灌域建成干渠节制闸6座。干渠及分干渠有直口渠27条，其中支渠10条，支渠以下按规划1000米左右布设1条斗渠，500米设1条农渠，100米设1条毛渠。各级渠沟道垂直布置，田块以毛渠成条田。塔布干渠设计引水能力为30.5立方米每秒，年均引水量为1.7亿立方米。

据乌拉特前旗水利局1980年底全旗水利工程经济效益大检查资料，塔布灌域内设干渠1条，长44.5公里，分干渠3条，长54.55公里，并已改建完成。规划支渠22条，正在逐步加以配套改造。塔布灌域西起原西小召乡与五原县交界，东至乌梁素海西岸沿大退水，北至长塔排干沟，南至包兰铁路线，总控制面积为63万亩，设计灌溉面积50.84万亩，有效灌溉面积达27.74万亩，建成各类水工建筑物39座，占规划的72.2%，其中闸27座，桥12座。国家投资119.3万元，投工69.2万个；完成土方154万立方米，石方0.2万立方米，混凝土0.18万立方米；动用水泥661吨，木材111立方米，钢材141吨。1981—1987年，塔布灌域基本保持在28.2万亩左右，其夏秋田种植面积比例为54：46。1985年塔布渠渠长45公里，流量22立方米每秒，发展面积51万亩，现浇面积28万亩，共有节制闸7座。

到1996年年底，世界银行贷款配套工程项目全部完成。项目验收资料显示，实灌面积达36.33万亩。配套建设支渠12条，长52.6公里；斗渠79条，长152.7公里；农渠201条，长201.64公里，毛渠1432条，长1217.5公里。建有干渠节制闸6座，其中草闸1座，于1995年新建；支斗渠节制闸68座，支斗农口闸166座，配套各级渠道桥涵107座。1998年国家投资对三闸进行翻建，2003—2004年实施节水工程时翻建了尾闸。2008年国家投资对干渠7+900~8+100段两岸实施膜袋护砌工程，2009年国家投资对干渠28+120~32+766段进行整修，同时对干渠二闸进行翻建。2000—2009年整修翻建干渠桥梁10座。

据2012年全国第一次水利普查全旗普查资料，塔布干渠长44.5公里，设计流量30.5立方米每秒，实际运行流量26立方米每秒；干渠上建有直口渠道52条，长168.5公里，其中分干渠3条，长49.69公里，达到规划标准的支渠5条，计长19.27公里；干渠配建直渠进水闸52座，其中分干渠进水闸3座，支渠进水闸4座；运行完好的干渠节制闸6座，尾闸1座，支渠以下节制闸配建119座；干渠生产公路桥梁建有14座，运行状况良好。2013年实灌面积达365730.8亩。

三、塔布渠的建设成果和功能效益

塔布渠作为河套灌区十三大干渠之一，肩负着保障区域农业生产、维系生态平衡的重要使命，现隶属于内蒙古河套灌区乌拉特分中心塔布管理所。因其地处河套灌区最下游，渠道坡度过缓，引水难度在各大干渠中尤为突出。为保障水资源高效利用，管理部门制定了科学的轮水制度，将渠道从渠口到渠梢依灌溉面积划分为9个区域，实行精准轮水分水灌溉，有效提升了水资源分配的合理性与公平性。

塔布渠的服务范围广泛，承担着乌拉特前旗西小召镇、新安镇、乌拉山镇、西山咀农场、新安农场等5个镇场38.54万亩农田的灌溉重任。充足稳定的水源供应，为当地粮食增产、农民增收奠定了坚实基础，有力推动了区域农业经济发展。此外，塔布渠还为乌梁素海提供部分生态用水，助力维持湖泊湿地生态系统稳定；为特种水产养殖供应水源，促进了特色渔业产业的繁荣，实现了水资源的综合高效利用。目前，灌域总土地面积达63.54万亩，规划发展净灌面积50.84万亩，发展潜力巨大，塔布渠在保障区域农业生产、推动经济发展、维护生态平衡等方面成效显著。

三 湖 河

王鹏波

三湖河位于内蒙古自治区乌拉特前旗东南部，是黄河的一条重要支流。三湖河灌域南起黄河，北至乌拉山前洪积扇前沿，西起刁人沟即沙石沟，东至包头郊区，总控制面积达600平方公里。设计灌溉面积70万亩，由三湖河一条干渠和三条分干渠灌溉。三湖河的历史可以追溯到秦汉时期，经过数千年的演变，逐渐形成了今天的水利系统。

一、三湖河的形成与早期历史

三湖河原为黄河的一支流。据《中国历史地图集》所标绘的黄河流向，在秦汉时期，黄河靠近乌拉山前洪积扇区前沿，基本是近代三湖河的流向。后来，黄河主河道南移，靠近鄂尔多斯台地北部沙漠边沿，原来的古河道逐渐变成支流，后来称三湖河。三湖河蜿蜒东行115公里,至全巴图之西复入黄河。主、支流之间冲积成平滩,土质肥沃,名曰三湖弯,又名大中滩,面积9000余顷,可垦之地7000余顷。

在清朝中叶以前,三湖河流域为乌拉特三公旗的公共牧地。从清乾隆三十年（1765年）开始,蒙旗贵族逐渐将这里的牧地私租于汉人垦种。于是,有人从三湖河上开小渠引水灌溉所垦之地,这便是中滩水利兴起之始。到明末清初,三湖湾正式放垦之前,三湖河上已私开数条小渠,如西公合少渠、史家渠等,约灌田地数百顷。虽然这些早期的渠道规模较小,但为后来三湖河的发展奠定了基础。

在三湖湾放垦后几年内,原西公合少渠淤废后,又于民国九年（1920年）由乌拉特西公旗出面重新开挖,名曰西官渠,渠宽10米,深1.3米,长20公里,在西淖补隆三湖河南岸上开口,水向东南流,在陈河鱼村北转向东北,与三湖河汇合,形成拐把渠。此渠开通后,渠直流畅,很快成为三湖河主流。民国二十六年（1937年）,"七七事变"开始以后,中滩被日伪军占据,水利工程毫无进展。抗战结束后,绥远省水利局派赵秀峰到三湖河灌域整修水利,先于1945年冬组建了三湖河渠道管理委员会。在该委员会主持下,进行渠道整修,修建了2座草闸,又在三湖河上和几条大渠上增挖了部分渠道。经过四五年的努力,三湖河灌域水利得到了一定恢复。

二、新中国成立后的水利建设

新中国成立以后,三湖河灌域的水利建设进入振兴时期。1950年8月,重新组建了三湖河渠道管理委员会,绥远省水利局派来数名技术员,并招收渠工20余人,在包头县、乌拉特前旗人民政府共同领导下,这个管理委员会具体负责三湖河灌域的渠道整修和灌溉管理。1951年春将三湖河渠道管理委员会改建成包乌水利局。同年,该局组织灌区群众在三湖河两侧新开支渠4条,新建三湖河口束水草闸1座,提水草闸4座,并建支渠口闸7座。从此,三湖河便成了人工引水干渠,彻底改变了三湖河长年流水,坐坝分水的落后局面。

1952年春,绥远省水利局在三湖河灌域组建了三湖河工程处,临时负责三湖河改建工程,到1954年改建工程告一段落,工程处撤销。这次改建工程重点是三湖河引水口改建,在原引水口左侧新开了一处引水口,同时对引水口至升恒号分水闸的干渠进行清底劈宽,部分段落裁弯,翻建了干渠节制闸,还开挖了部分支渠。通过本次整修,三湖河升恒号分水闸以上渠道工程有了很大起色。进水量增加,分水自如,管理较从前大为方便。三湖河灌溉面积增到23万多亩。

1956年以后,为了解决三湖河灌区蓿亥滩三湖河以北地区的灌溉问题,地方政府水管部门组织灌区群众利用二道壕接引乌梁素海大退水给三湖河灌区补水,于1958年挖通并受益。1960年春扩建了二道壕补水渠,且开挖了沙倒包以东的三湖河上接总干渠引水的段落。1961年5月,总干渠自三马圪卜至二道壕段落疏通。三湖河干渠开始通过总干渠从长塔联合引水渠补水。1962年长塔渠正式接在总干渠上后,三湖河两口引水,灌溉有了较大保证。

20世纪60年代中后期,乌拉特前旗按照内蒙古河套灌区统一规划设计,先后建成三湖河三闸、二闸、分水闸和四闸等为钢筋混凝土结构的分水枢纽工程。1969年裁弯取直了三湖河二闸至三闸间两处大弯子,使三湖干渠缩短了2公里多,干渠输水更为畅快。

三、三湖河灌区的现代化发展

按照统一规划要求，乌拉特前旗政府水利管理部门对支以下工程逐步进行了改建和完善。从20世纪60年代后期开始，配套了一部分永久性支斗口闸、节制闸和交通生产桥梁，取代了临时过渡的草木结构桥闸，更便于灌溉管理。据乌拉特前旗水利局1980年底全旗水利工程经济效益大检查资料，干渠长度达66.3公里，设计灌溉面积56.02万亩，有效灌溉面积达35.67万亩，已建各类水工建筑物24座，占规划的28.2%，其中闸16座，桥8座；三湖河灌域历次改建配套国家投资124万元，投工28.8万个；完成土方120万立方米，石方0.24万立方米，混凝土0.12万立方米；动用水泥631吨，木材121立方米，钢材72吨。

1983年《内蒙古河套灌区水利规划》将黄河北岸总干渠下延至先锋分水闸。1984—1985年，经巴盟水设队设计，内蒙古自治区水利局批准，内蒙古黄工局组织施建了总干渠第六分水枢纽工程，工程位址在原三湖草闸附近，为避开三湖口险工段，将总干六闸泄水渠闸上移3.4公里，建在赵贵桥下150米处，同时对总干六闸上下游干渠裁弯取直，新挖渠道长1052米。1986年将三湖河一闸原草闸改建成半永久性束水闸，即闸坝改建成浆砌石结构。至1989年，三湖河主干渠道配套工程尚未全部完成，仅建有生产交通桥15座，其中木桥2座，特别是先锋分水闸下干渠扩建方案尚未确定，公济等三条输水渠道仍为并立局势，不分主支。三湖干渠及三条分干渠现有直口渠道446条，其中符合"七七"规划的支渠19条，过渡性干斗、农毛渠道427条，三湖灌域规划发展净灌面积56.02万亩，实灌面积为31.7万亩。年平均引水量为2.5亿立方米。

21世纪以后,国家投资对三湖干渠15+385~38+885段实施衬砌节水工程。2000年由巴彦淖尔市水利勘设院设计、巴彦淖尔新禹公司承包对三湖一闸和三湖六队桥进行改建;2006年政府拨专款对三湖三闸和西关闸进行维修;2007—2008年由内蒙古自治区水利水电勘测设计院设计,巴彦淖尔市夏禹、河源、新禹公司承包对三湖五闸、东牛犋、扶贫、赵柜和红卫桥进行改建;2009年由黄河勘测规划设计院设计,中铁二十局承包建设了215省道三湖干渠上的井柱板梁桥。

据2012年第一次全国水利普查乌拉特前旗详查资料,三湖干渠长49.368公里,设计流量46立方米每秒,实际运行流量25立方米每秒,三湖灌域实灌面积为36.4183万亩;干渠上建有直口渠道96条,长286.74公里,其中分干渠3条,长59.6公里,达到规划标准的支渠6条,长44.56公里;干渠配建分干以下进水闸96座,支渠进水闸6座;运行完好的干渠节制闸6座,泄水闸1座,挡黄闸1座,支以下渠道配套节制闸91座;干渠建有生产公路桥梁14座,运行状况良好。乌拉特前旗安排部署了全黄灌区灌溉面积核查工作,通过黄灌区各镇、农场的密切配合及大力支持,2019年三湖河灌域实灌面积为38.88万亩。

四、三湖河灌区的排水工程

三湖河灌域排水工程根据三湖河地形、渠道流向及行政区划等情况,确定排水实行分段治理,布设排水骨干工程,以解决灌域排水问题。按统一规划乌拉特前旗境内应开挖7条分干沟,其中4条沿黄河防洪堤开挖，建5座扬水站，另3条开挖于三湖河北交接洼地，然后转向南，过三湖河至防洪堤设站扬排入黄。上述排水沟全部动工开挖，其中4条排沟已形成一定的排水能力，2条北分干沟因过三湖河问题未解决，只挖通下段，与南分干沟合并排水。

蓿亥分干沟也称三湖一排干，位于蓿亥乡境三湖干渠南，沿防洪堤开挖，全长8.6公里。排域控制面积7.39万亩，设计排水面积5.91万亩，现有效排水面积1.8万亩。该沟开挖于1970年，1977年全线基本疏通。1979年在沟尾部建成扬水站，并投入运行，扬水过堤，泄入黄河。该沟底宽1~3.5米，口宽10~20米，沟深2~3米。尾部流量0.7立方米每秒，先后建成桥梁5座，渡槽1座，扬水站1座，支沟尾闸1座，开挖支沟2条；累计完成土方11.5万立方米，群众投工11.3万个。

五、三湖河灌溉效益与社会经济影响

三湖河的建设和发展，为当地农业灌溉提供了有力保障，灌溉面积不断扩大。从新中国成立初期的23万多亩，逐步增加到后来的32.4万亩。至2012年，三湖灌域实灌面积达到36.4183万亩，2019年实灌面积为38.88万亩。三湖河通过其完善的渠道系统和合理的水资源调配，将水源输送到各个农田，使得农作物在生长季节能够得到充足的水分供应，有效提高了农作物的产量和质量，保障了当地农业的稳定发展。

随着时间的推移，三湖河的灌溉方式也发生了显著变化。从最初的大水漫灌，到后来逐步实现了有计划的浇水，如建立包浇组、实行分片种植分片灌溉、缩小地块、深浇变浅浇等措施。这些改进措施不仅节约了水量，减少了渠道渗漏损失，还减少了群众抢水浇地所引起的纠纷，提高了灌溉效率和作物产量。稳定的灌溉条件使得当地农作物种植种类更加多样化。除了传统的粮食作物外，还可以种植经济作物和蔬菜等。例如，在中滩农场附近，通过合理灌溉和排碱措施，成功种植了稻谷，亩产高达800斤，展现了三湖河在促进农业现代化和多样化发展方面的巨大潜力。灌溉使得土地利用率大幅提高，原本荒芜或只能种植单一作物的土地变得肥沃，推动了当地农业从传统的粗放型向集约型转变，促进了农业经济的繁荣。

三湖河的灌溉效益吸引了大量人口聚集，促进了聚落的形成和发展。随着灌溉面积的扩大，粮食产量增加，能够养活更多的人口。人们在三湖河周边建立村庄、城镇，逐渐形成了具有一定规模的社会聚落。这些聚落不仅是人们居住的地方，也成了当地经济、文化交流的中心，带动了商业、手工业等相关产业的发展。

三湖河对当地经济的发展有着深远的影响。农业的繁荣为农产品加工、贸易等行业提供了充足的原料，促进了农村经济的多元化发展。同时，水利工程的建设和维护需要大量的人力、物力，这也创造了就业机会，带动了当地建筑、运输等行业的发展。此外，稳定的灌溉条件保障了粮食安全，对于稳定当地物价、保障民生具有重要意义，进一步促进了整个地区经济的繁荣。

三湖河经历了数千年的历史演变，从最初的古河道到今天的现代化水利系统，其发展历程充分展示了人类与自然环境的互动与适应。从清代中叶的牧地私垦到中华民国时期的水利开发，再到新中国成立后的水利振兴与现代化改造，三湖河灌域的水利建设不仅改善了当地的农业生产条件，也为区域经济的发展提供了重要支撑。未来，随着科技的进步和水利工程的进一步完善，三湖河灌域将继续发挥其在农业灌溉和生态保护中的重要作用。

参 考 文 献

［1］ 吕咸，白保庄，等. 临河县志［M］. 台北：台湾成文出版社，1931.
［2］ 姚汉源. 中国水利史纲要［M］. 北京：水利电力出版社，1987.
［3］ 陈耳东. 河套灌区水利简史［M］. 北京：水利电力出版社，1988.
［4］ 内蒙古自治区杭锦后旗志编纂委员会. 杭锦后旗志［M］. 北京：中国城市经济社会出版社，1989.
［5］ 中国人民政治协商会议内蒙古自治区委员会文史资料委员会、内蒙古文史资料第三十六辑：王同春与河套水利［M］. 呼和浩特：内蒙古文史书店，1989.
［6］ 黄河水利委员会黄河志总编辑室. 黄河志：卷11 黄河人文志［M］. 郑州：河南人民出版社，1994.
［7］ 五原县志编委会. 五原县志［M］. 呼和浩特：内蒙古人民出版社，1996.
［8］ 巴彦淖尔盟志编纂委员会. 巴彦淖尔盟志［M］. 呼和浩特：内蒙古人民出版社，1997.
［9］ 内蒙古地方志编纂委员会. 内蒙古志：水利志［M］. 呼伦贝尔：内蒙古文化出版社，2007.
［10］ 绥远通志馆. 绥远通志稿［M］. 呼和浩特：内蒙古人民出版社，2007.
［11］ 朱道清. 中国水系辞典［M］. 青岛：青岛出版社，2007.
［12］ 巴彦淖尔市地方志办公室. 巴彦淖尔市旧志两种［M］. 呼伦贝尔：内蒙古文化出版社，2010.
［13］ 刘勇. 河套水利史上的杨家与杨家河［M］. 北京：北京理工大学出版社，2017.
［14］ 内蒙古自治区政协文史资料委员会. 内蒙古文史资料集萃：第九卷［M］. 北京：中国文史出版社，2017.
［15］ 杜静元. 水利、移民与社会——河套地区的历史人类学研究［M］. 北京：中国社会科学出版社，2020.
［16］ 巴彦淖尔市档案馆. 民国时期河套水利［M］. 呼和浩特：内蒙古人民出版社，2021.
［17］ 磴口县水利资料汇编编纂委员会. 磴口县水利资料汇编［M］. 巴彦淖尔市磴口县水利局，2021.

参考文献

[18]　孟育川. 黄河湾治水人物［M］. 郑州：黄河水利出版社，2021.

[19]　田军. 民国时期后套地区的农业开发研究［M］. 延吉：延边大学出版社，2021.

[20]　刘勇，李荣斌. 清代阿拉善旗"公主治菜园"考略［J］. 边疆经济与文化，2025（2）：102-107.

[21]　顾颉刚，王同春开发河套记［M］//顾颉刚全集：第36册. 北京：中华书局，2010.